控制工程中的电磁兼容

徐义亨　编著

上海科学技术出版社

图书在版编目(CIP)数据

控制工程中的电磁兼容 / 徐义亨编著. —上海:上海科学技术出版社,2017.1

ISBN 978-7-5478-3250-9

Ⅰ.①控… Ⅱ.①徐… Ⅲ.①电磁兼容性 Ⅳ.①TN03

中国版本图书馆 CIP 数据核字(2016)第 220959 号

控制工程中的电磁兼容

徐义亨 编著

上海世纪出版股份有限公司
上 海 科 学 技 术 出 版 社 出版

(上海钦州南路 71 号 邮政编码 200235)

上海世纪出版股份有限公司发行中心发行

200001 上海福建中路 193 号 www.ewen.co

苏州望电印刷有限公司印刷

开本 889×1194 1/32 印张 8

字数 180 千字

2017 年 1 月第 1 版 2017 年 1 月第 1 次印刷

ISBN 978-7-5478-3250-9/TN·19

定价: 32.00 元

内 容 提 要

本书介绍控制工程中电磁兼容的基础知识，同时更偏重于工程实践。

电子式控制系统的电磁兼容（EMC）系指在可能的电磁环境中，电子系统仍然具有正常的工作能力且不会成为环境中的一个电磁污染源。一般用“抗扰度（immunity）”来衡量电子式控制系统在电磁环境下的抗干扰能力；用“发射（emission）”来表明其对环境的电磁污染。

一个应用于工业过程中的控制系统面临着各种各样的电磁干扰（EMI），我们不可能也不应该将抗干扰的功能完全由控制系统本体去承担，这就必须在控制工程的实施过程中采取诸如屏蔽、接地、等电位连接以及隔离滤波等抗干扰技术来保证控制系统在工业电磁环境中的正常运行。本书可供从事自动化工程领域内的技术人员参考使用。

写在前面

所谓编书乃至著书，绝非是刻板地做“加法”，仅将相关的文献资料和个人曾从事过的工作实践堆砌在一起。要撰写一本短小精悍、实用的、能被读者认可的技术读物，犹如江南园林的造景，“巧于因借，精在体宜”，方能将厅堂、走廊、粉墙、洞门等建筑与假山、水池、花木等组合成一个精美玲珑的园林。笔者不敢妄自尊大，但在编写本书时试图要做到精而合宜，让读者在翻阅本书时，既不用花许多时间，又能知其然并知其所以然。

笔者系2002年开始从事工业控制工程中的抗(电磁)干扰技术的调查和研究。之后，撰写并出版了《工业控制工程中的抗干扰技术》一书，曾数十次应邀去宝钢、包钢、中石化、中石油、广核电等许多企业以及各类培训班讲授，听课者多半是具有丰富工程经验的技术人员。授课期间，他们曾提出过许多工程中所遇到的有关电磁兼容，特别是抗干扰方面的技术疑难，其中有些是我无法当场就给予肯定回答的工程问题，这就迫使我再度思考并去现场进行调查研究。多年来，在参与许多抗干扰项目的同时，我不断地更改和充实用于讲课的PPT膜片。时至今日，觉得有必要对此书重新编写，对许多内容进行更新，既应客观的需要，同时对一个已过古稀之年的“工匠”来说，算是封笔吧。

笔者在《工业控制工程中的抗干扰技术》的前言中曾说过，世界上的许多事件，其深层次的基本单元和基本规律并不复杂，实际遇到的大多数的电磁干扰往往源自那些常见的噪声源和基本的耦合途径，任何的电磁干扰现象都可以用一些基础的物理概念来解释，这就是所谓的“天道崇简”。然而，就一个“简”字，却需要多少人、多少年的探索和提炼。譬如，本书在讨论带屏蔽层电缆的各种屏蔽功能时，于工程实施上的差异也无非就是屏蔽层接不接地，如何接地。前不久，笔者在读兼有科学家和文人双重身份的陈之藩先生的《一星如月·散步》一书中有关黄金分割的文章时，方知著名而古老的黄金分割其数学表示法从费氏序列：1,1,2,3,5,8,13,21,34……(第三数是前两数之和，以此类推)的创始时算起，直至由 $X^2+X-1=0$ 导出的0.618，由繁到简，前后竟然经过七八百年，而就这个0.618的黄金分割点，无论在科学技术上，乃至日常生活中总难免涉及。

为了在概念上与闭环或开环控制系统以抑制工艺参数波动的抗干扰过程相区分，笔者将原书名《工业控制工程中的抗干扰技术》更改为《控制工程中的电磁兼容》。“抗干扰”和“电磁兼容”在词义上相近，但后者涵盖的内容更宽一些。和许多有关电磁兼容的书刊相比，本书讨论的是电子式控制系统在工程应用中的电磁兼容技术，不涉及电子产品本体设计过程中的电磁兼容。

相对于《工业控制工程中的抗干扰技术》，本书无论在内容上，或是章节的编排乃至文字的阐述上均有较大的改变和充实。尽管笔者竭尽余力，也难免有考虑欠妥之处，如有意愿和笔者进行交流者，可通过笔者的电子邮箱：yiheng_xu@163.com，多谢。

徐义亨

2016年5月于杭州

目　录

1 绪 论

1.1 控制工程中的电磁兼容

工业的高速发展对控制系统的依赖性越来越强。分散型控制系统(DCS)、可编程控制器(PLC)、现场总线控制系统(FCS)、工业控制机(IPC)以及各种测量控制仪表已是构成工业控制系统的主要设施。

随着微电子技术的发展和控制系统集成化程度的提高,大规模集成芯片内单位面积的元件数也愈来愈多,所传递的信号电流也愈来愈小,系统的供电电压也愈来愈低(现已降到3 V乃至1.8 V),因此芯片对外界的电磁噪声也愈趋敏感,所以显示出来的对电磁干扰的抑制能力也就很低。其次,控制系统周围的电磁环境日趋复杂,表现在电磁信号与电磁噪声的频带日益加宽,功率逐渐增大,信息传输速率提高,连接各种设备的网络愈来愈复杂,因此抑制电磁干扰日趋重要。再则,相对于其他的电子信息系统,控制系统不但系统复杂、设备多,输入/输出(I/O)的端口也多,特别是外部的连接电缆又多又长,这类似于拾取电磁噪声的高效天线,给电磁噪声的耦合提供了充分的条件,使得各种电磁噪声容易通过外部电缆和设备端口侵入控制系统。在这样的背景下，从 20 世纪 90 年代起，人们开始重视控制系统对电磁干扰的抑制技术。

控制系统在工程的应用中必将遇到各种各样的电磁噪声，噪声又会通过各种耦合途径干扰控制系统的正常运行。如何对电磁干扰的产生以及干扰在耦合途径中的影响予以有效的抑制，便是控制系统电磁兼容的主要内容之一。

1.2 电磁噪声和干扰

对有用信号以外的所有电子信号总称为电磁噪声。

当电磁噪声电压(或电流)足够大时，足以在接收中造成骚扰使一个电路产生误操作，就形成了一个干扰。

电磁噪声是一种电子信号，它是无法消除干净的，而只能在量级上尽量减小直到不再引起干扰。而干扰是指某种效应，是电磁噪声对电路造成的一种不良反应。所以电路中存在着电磁噪声，但不一定形成干扰。“抗干扰技术”就是将影响到控制系统正常工作的干扰减少到最小的一种方法。

决定电磁噪声严酷度大小的有下列三个要素：

(1) 电磁噪声频率的高低。频率愈高，意味着电流、电压、电场和磁场的强度的变化率愈高，则由此而产生的感应电压与感应电流也愈大。

(2) 观测点离噪声源的距离(相对于电磁波的波长)。

(3) 噪声源本身功率的大小。

为了说明电磁噪声是否对敏感设备构成干扰，可以用安全余度 S_I(单位：dB)来表示：

$$S_I = S - I$$

式中 S——敏感度的门限电平；

I——实际的噪声电平。

当 $S_I > 0$，表示没有干扰效应；当 $S_I < 0$，表示有潜在的干扰效应；当 $S_I = 0$，表示处在临界状态。

1.3 电磁噪声的分类

电磁噪声有许多种分类的方法。例如，按电磁噪声的来源可以分成三大类：

(1) 内部噪声源。其来源于控制系统内部的随机波动，例如热噪声(导体中自由电子的无规则运动)、交流声、时钟电路产生的高频振荡等。

(2) 外部噪声源。例如电机、开关、数字电子设备、无线电发射装置等在运行过程中对外部电子系统所产生的噪声。

(3) 自然界干扰引起的噪声。例如雷击、宇宙线和太阳的黑子活动等。

本书讨论的是对后两种噪声的抑制。

其中，外部噪声源又可分成主动发射噪声源和被动发射噪声源。所谓主动发射噪声源是一种专用于辐射电磁能的设备，如广播、电视、通信等发射设备，它们是通过向空间发射有用信号的电磁能量来工作的，它们会对不需要这些信号的控制系统构成干扰。但也有许多装置被动地在发射电磁能量，如汽车的点火系统、电焊机、钠灯和日光灯等照明设备以及电机设备等。它们可能通过传导、辐射向控制系统发射电磁能以干扰控制系统的正常运行。

若按电磁噪声的频率范围，我们可以将其分成工频和音频噪声、甚低频噪声、载频噪声、射频和视频噪声以及微波噪声五大类(表 1-1)。工业过程中典型电磁噪声的频率范围见表 1-2。

表 1-1 按电磁噪声的频率范围分类

名 称	频率范围	典型的噪声源
工频和音频噪声	50 Hz 及其谐波	输电线、工频用电设备
甚低频噪声	30 kHz 以下	首次雷击
载频噪声	10～300 kHz	高压直流输电高次谐波、交流输电高次谐波
射频和视频噪声	300 kHz～300 MHz	钠灯和日光灯等照明设备、图像监控系统、对讲机、直流开关电源
微波噪声	300 MHz～100 GHz	微波通信、微波炉

表 1-2 工业过程中典型电磁噪声的频率范围

噪声源	频率范围	噪声源	频率范围
加热器(开/关操作)	50 kHz～25 MHz	多谐振荡器	30～1 000 MHz
荧光灯	0.1～3 MHz(峰值 1 MHz)	接触器电弧	30～300 kHz
水银弧光灯	0.1～1 MHz	电动机	10～4 000 kHz
计算机逻辑组件	20～50 kHz	开关形成的电弧	30～200 MHz
多路通信设备	1～10 MHz	偏心轮电传打字机	10～20 MHz
电源开关电路	0.5～25 MHz	打印磁铁	1～3 MHz
功率控制器	2～5 kHz	直流电源开关电路	100 kHz～30 MHz
磁铁电枢	2～4 MHz	日光灯电弧	100 kHz～3 MHz
断路器凸轮触点	10～20 MHz	电源线	50 kHz～4 MHz
电晕放电	0.1～10 MHz	双稳态电路	15 kHz～400 MHz

1.4 构成电磁干扰问题的三要素

典型的电磁干扰路径如图 1-1 所示，即一个干扰源通过电磁干扰的耦合途径(或称传播途径)去干扰敏感设备/接收器。

由此可见，一个干扰问题，它包括干扰源、电磁干扰的耦合途径和敏感设备/接收器三个要素。处理某个控制系统的抗干扰问题首先要定义如下三个问题：

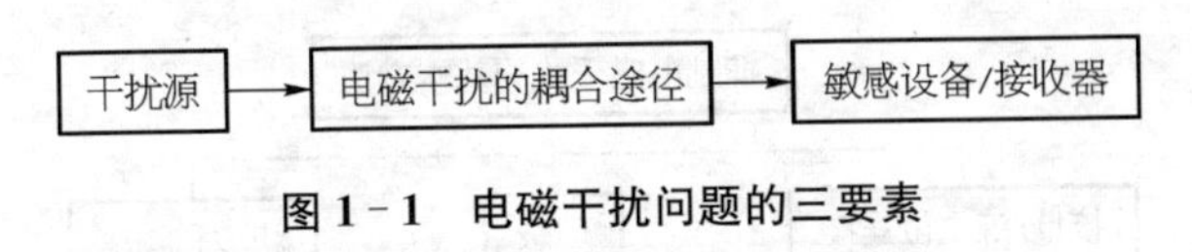

图 1－1 电磁干扰问题的三要素

(1) 产生电磁干扰的源头是什么？

(2) 哪些是电磁干扰的敏感设备/接收器(要细化到某个电路乃至元器件)？

(3) 干扰源将能量传送到敏感设备/接收器的耦合途径是什么？

通常，能回答出这三个问题，我们就可以着手解决所遇到的电磁干扰问题。一般而言，有三种基本的方法去抑制电磁干扰：

(1) 尽量将客观存在的干扰源的强度在发生处进行抑制乃至消除，这是最有效的方法。但是，大多数的干扰源都是无法消除的，如雷击、无线电天线的发射、汽车发动机的点火等。我们不能为了某台电子设备的正常运行而停止影响它正常工作的其他设备。

(2) 提高控制系统本身的抗电磁干扰能力。这取决于控制系统的抗扰度，这在设计控制系统本体的总体结构、电子线路以及编制软件时应考虑的各种抗电磁干扰措施。控制系统的抗扰度愈高，其经济成本也愈大，所以我们只能要求控制系统具备一定的抗扰度，而不可能将控制系统的抗电磁干扰功能完全由控制系统本身去承担。

(3) 减小或拦截通过耦合路径传输的电磁噪声能量的大小，即减少耦合路径上电磁噪声的传输量。这是控制系统在工程应用中所面临的一大问题，也是在工程中抑制电磁干扰最有效的措施。这就要求在接地/等电位连接、屏蔽、布线、控制室设计、信号的处理和隔离、供源等多方面采取措施。

工程中抑制电磁干扰的基本方法如图 1－2 所示。

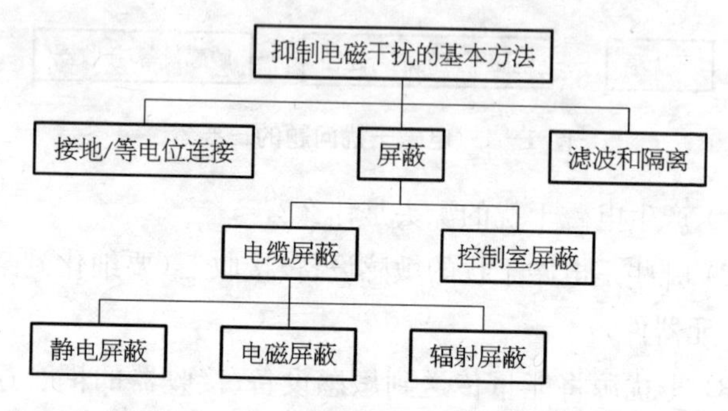

图 1－2　工程中抑制电磁干扰的基本方法

图 1－3 是一个直流电动机系统,它包括直流电动机和其控制电路两大部分。该系统的主要噪声源为直流电动机的电刷与换向器之间由于电弧产生的电磁干扰。耦合途径有二：一为通过直流电动机和控制电路间的连接导线进行的传导耦合,从而对电动机的控制电路产生电磁干扰;二为通过电磁场的辐射耦合对附近的弱信号回路产生电磁干扰。

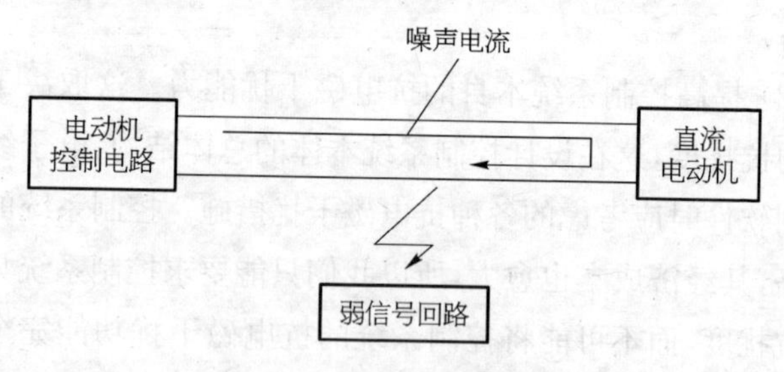

图 1－3　直流电动机系统

在这种情况下,不太可能对噪声源采用更多的抑制措施,只能通过抑制耦合路径的方式来消除电磁干扰,即设法减小通过导线传导到电动机控制电路的噪声量和屏蔽来自导线与电动机的辐射噪声。在后面的章节里,我们将对这些抑制方法做详细讨论。

1.5 电磁干扰的耦合途径

从物理概念上说,电磁干扰的耦合途径大致有五种:导线直接传导耦合;经公共阻抗的耦合;电容性耦合;电感性耦合;电磁场耦合。

所谓的导线直接传导耦合系指电磁噪声通过信号线和交、直流电源线以及通信线等将信号源或电源里夹带的电磁噪声直接传导给电路。这种耦合是最常见的,如串模干扰都属此例。抑制此类噪声的最基本方法就是避免导线拾取噪声,或者在它干扰的敏感电路前用去耦、隔离和滤波(包括数字滤波)等方式消除电磁噪声的影响。

所谓公共阻抗耦合系指噪声源回路和受干扰回路之间存在着一个公共阻抗,噪声电流通过这个公共阻抗所产生的噪声电压,传导给受干扰回路。如图 1-4 所示的电路,当回路 1 的不正常运行会引起公共阻抗顶端电位的变化,从而给回路 2 带来一个干扰,影响回路 2 的运行。抑制此类噪声的最基本方法就是减小公共阻抗的阻值。

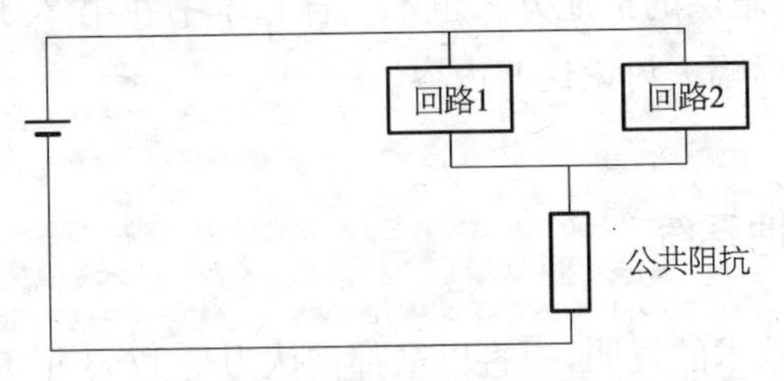

图 1-4 公共阻抗耦合电路

电容性耦合又称静电耦合,它是由电路间电场的相互作用而产生的。产生这种耦合的主要原因是电路间存在着分布电容。

电感性耦合又称电磁耦合，它是由电路间磁场的相互作用而产生的。产生这种耦合的主要原因是电路间存在着互感。

这四种耦合均称为传导性耦合。其中电容性耦合和电感性耦合又被称为近场辐射。

此外还有电磁场辐射，它又称为辐射耦合或远场辐射，它是电场和磁场相结合的耦合，并通过能量的辐射对线路产生干扰。

有关电容性耦合、电感性耦合和电磁场辐射等内容将在后续的第2、3、4章中做详细讨论。

1.6 电缆的屏蔽

控制系统所面临的电磁噪声，大部分是通过外部电缆从设备的端口(包括输入/输出端口、电源端口、通信端口以及接地端口等)进入系统的，所以电缆的屏蔽在控制系统的抗干扰过程中显得特别重要。

为抑制电容性耦合、电感性耦合和电磁场耦合，对应各自的电缆屏蔽可分为静电屏蔽、电磁屏蔽、辐射屏蔽。

同样的屏蔽层对应于这三种屏蔽方式，它们有着不同的屏蔽机理，屏蔽层的接地方式也不一样。本书在第2、3、4章中将用相当的篇幅去讨论这些内容。

1.7 接地系统

接地技术的发明，一直以来都被认为是1753年美国科学家富兰克林在进行雷电试验时，在大地上安装了接线端子，即实施了人类第一次的所谓接地技术。根据林清凉(台湾大学)、戴念祖(中科院物理所)的考证(见他们合著的《电磁学》)，接地和“引雷入地”技术发明的真正鼻祖是我们的祖先。追溯到300年前，来华传教士、葡萄牙人安文斯(1609—1677)在《中国的十二大奇迹》一书中对中国古建筑的特点和渊源进行过述说，安文斯在书中介绍，屋顶脊吻龙上的金属条一端插入地里，这样，当闪电落在屋上或皇宫时，闪电电流就被龙舌引向金属条通路，并且直奔地下消散，因而不会伤害人。他的记述比起富兰克林要早一个世纪。

在接地技术的现代史上，我国的学者曾做出过许多出色的成绩。据查证，世界上最早采用等电位接地方式的是我国在1958年设计建设北京人民大会堂时，将建筑物基础里的钢筋以及地面上的钢筋连为一体构成一个笼式接地网，这比起英国GOLDE在《雷电》一书中提及的共用接地网要早18年。

接地技术是一门古老的电气技术，但未必已进入自由王国，还有许多问题在争论。例如清华大学虞昊认为：

(1) 电阻的最初概念是来自欧姆定律，即$R=U/I$。欧姆定律的适用范围是金属导体，而土壤并不是金属导体，所以用欧姆定律来定义接地电阻是不适宜的。

(2) 欧姆定律只适用于电路，而土壤层不是“路”，而应该是“场”。

(3) 国际上目前还没有各国公认的“接地电阻”标准件，不仅现在没有，而且永远也不可能有。

所以他认为：“接地电阻不可测，应予废除。”(见《中国防雷》2006年第1期)这在工程界引起了很大的震动，似乎少有赞同，但也难以否定。

接地系统在概念和技术上，近十几年来发生了很大的变化，其中最重要的转变是：以前，接地系统是否合格以接地电阻值为准；而现在，侧重于接地结构兼顾接地电阻值，特别是从独立接地、联合接地到采用共用接地网实现等电位连接方式的转变。

本书在阐述接地系统的理论和工程实践时，一反常态地将接地系统分成两大部分：地面上的部分称之为“接地连接”，地下的部分称之为“接地体”，它们有各自的结构形式和质量指标。

1.8　解决抗干扰问题的基本理论和必要的工具

严格地说，有关电磁噪声问题的求解，需要通过麦克斯韦方程组才能得到，该方程组是三个空间变量(x、y、z)和时间(t)的函数。这样，问题就变得非常复杂，非一般工程技术人员能够接受和理解。

为此，在本书里，我们还是采用“电路”的理论用集中参数去近似地求解。所以我们采取了如下的假设：

(1) 用一个连接在两导体间的电容来表示两导体间存在的一个随时间变化的电场。

(2) 用一个连接在两导体间的互感来表示两导体互相耦合的一个随时间变化的磁场。

在现场解决抗干扰问题时，除了常用的基本工具外，还必须要有一台便携式场强仪去测量现场设备或电缆附近的电磁场强度。场强仪有非选频式宽带辐射测量仪和选频式宽带辐射测量仪两大类，一般建议选用后者，即在测量场强的同时还可以显示它的频率范围。场强仪包括电场与磁场的测量探头和便携式显示仪表等几部分组成。不同的测量探头又对应于不同的频率范围。一般选用低频(1 Hz～30 MHz)即可满足工业现场的基本要求。

1.9　区分工艺参数发生异常的两种可能性

对流程工业而言，凡从记录曲线上看到工艺参数发生异常，往往有两种可能性：

(1) 并非是电磁干扰引起的，而是由于工艺操作或其他工艺参数的波动造成的关联影响。从参数的记录曲线上看，工艺参数或缓慢变化，也可以形成阶跃，但过渡到稳态的时间比较长；若有振荡，其频率较低，特别是温度、压力、液位等受控对象，由于具有较大时间常数，不大可能因工艺操作的波动会出现频率很高的尖峰脉冲或振荡。

此时，应调出相关的记录曲线，观察这些工艺参数在发生异常情况时，进行过什么样的工艺操作，其他相关的工艺参数有否发生过波动，如有，应能从工艺机制上给予合理的解释，表明其因果关系。

(2) 由于外界电磁干扰(包括现场变送器与控制室之间的地电位差)引起的串模干扰或共模干扰。此时，实际的工艺参数和操作并没有发生变化，只是由于外界电磁噪声引起的串模干扰或共模干扰，导致信号接收端超限甚至报警联锁。其记录曲线的形式往往是多样的，这取决于电磁噪声的种类、噪声频率的高低以及耦合途径的不一。

为求解此类问题，应寻找电磁噪声源在哪里，它是通过什么耦合途径产生干扰的，从而就可求得解决问题的方法。要回答这两个问题颇费时，需要有一定的仪器设备(如场强仪)去现场进行模拟测量。

多年前，笔者曾应邀去浙江某热电厂调查时，遇到过这样的一个案例：某贮罐的液位实际很稳定，但只要 AC 6 000 V 的高压备用水泵一启动，该贮罐的液位信号立即超限报警，而此时站在贮罐就地的玻璃液位计旁用肉眼观察，该贮罐的液位根本没有变。究其原因是：在高压水泵启动时，在电力电缆里产生了很大的电流浪涌，而该贮罐液位变送器的信号电缆离高压水泵的电力电缆的距离太近，不到 300 mm，且平行敷设的距离又较长，通过电缆间的电磁耦合，在液位信号线上产生尖峰脉冲，从而导致液位信号的虚假超限。

由此可见，在解决抗干扰问题时，首先要把这两种情况区分开来，前者是属于工艺和控制问题，后者才是电磁噪声的干扰问题。

2

干扰的电容性耦合和电缆的静电屏蔽

在前一章中已简述了干扰耦合的五种基本途径，电容性耦合源自线路间电场的相互作用，故也被称为电场耦合或静电耦合。本章将详细讨论其基本原理和抑制该种耦合的基本方法。

2.1 电容性耦合的模型

工业现场的电缆，从电磁兼容的视角看，可以将控制系统的外部电缆分成噪声导体和受感应导体两大类。前者如电力电缆、高频信号电缆等，后者如直流信号电缆等。

两导体间电容性耦合的一个简单模型如图 2-1 所示。假定用一个集中参数 C_s 代表噪声导体和受感应导体间的等效分布电容，C_L 为受感应导体的对地电容，R_L 为受感应导体对地的总电阻，Z 为 C_L 和 R_L 的并联阻抗。如忽略噪声导体的对地阻抗对电容性耦合的影响，设 U_s 为噪声电压，U_n 为噪声电压 U_s 通过分布电容 C_s 在并联阻抗 Z 上产生的感应噪声电压。

如果暂不考虑信号源（它一般是电流源，内阻无穷大）的大

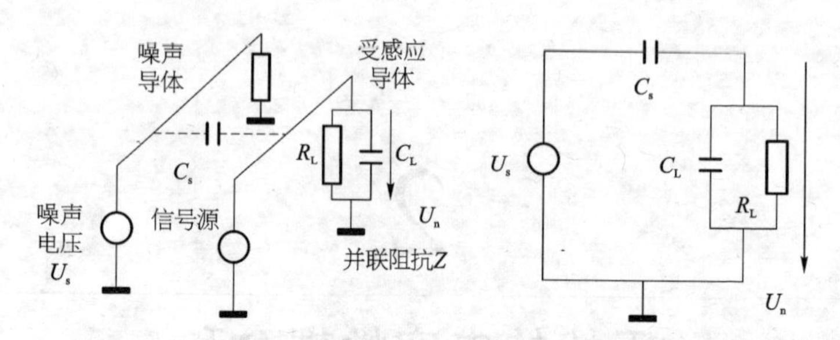

图 2-1　两导线间的电容性耦合的模型(右图为等效电路)

小,可以得到图 2-1 右边的等效电路图。利用 C_s和 Z 之间的分压公式就可以求出在受感应导体和地之间产生的感应噪声电压 U_n为

$$U_n = \frac{j\omega C_s Z}{j\omega C_s Z + 1} U_s \tag{2-1}$$

当噪声电压的频率较低时,阻抗 R_L 远小于 C_L 的阻抗时,并联阻抗可近似为 $Z = R_L$,则式(2-1)可简化为

$$U_n = 2\pi f R_L C_s U_s \tag{2-2}$$

式(2-2)是噪声源在频率较低时,电容性耦合的一个重要公式,由此可以看出影响感应噪声电压的诸因素,即感应的噪声电压 U_n正比于噪声源的频率 f、受感应导体对地的总电阻值 R_L、分布电容 C_s 以及噪声电压 U_s。

由式(2-2)可知,电容性耦合源自一个连接在受感应导体与地之间的电流源,它的电流大小等于 $2\pi f C_s U_s$。

当噪声电压的频率较高时,C_L阻抗远小于 R_L 时,则式(2-1)可简化为

$$U_n = \left(\frac{C_s}{C_s + C_L}\right) U_s \tag{2-3}$$

一般而言,作为一个电容器的两个极板,电缆的对地电容

C_L的一个极板是大地，故它的电容值要远大于噪声电缆和受感应电缆间的等效分布电容 C_s，所以式(2-3)又可简化为

$$U_n = \frac{C_s}{C_L} U_s \tag{2-4}$$

由式(2-3)和式(2-4)可知，在高频时，感应的噪声电压正比于 C_s和 C_L的比值，和噪声电压的频率无关。

感应的噪声电压的频率特性如图 2-2 所示。由图可知，刚开始随频率的增加，感应的噪声电压也随之增加，它遵循式(2-2)，之后随着频率的增加，感应噪声电压趋向于一个饱和值，该饱和值可由式(2-3)求出。该曲线也说明实际的感应噪声电压总是小于或等于式(2-3)所给出的值。利用式(2-2)和式(2-3)可求出曲线的拐角频率(图 2-2)。

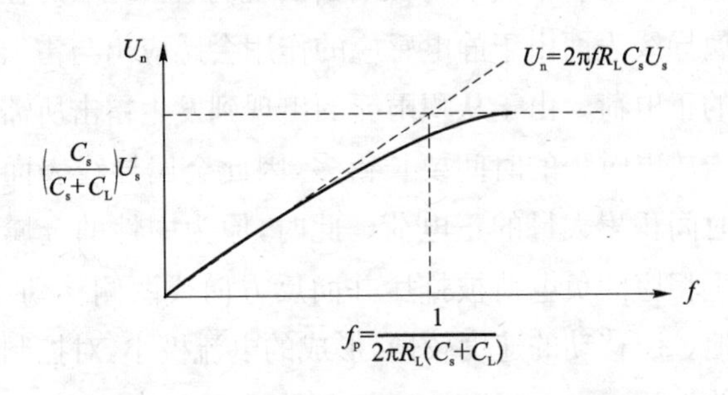

图 2-2　电容性耦合噪声电压的频率特性

由以上的讨论可知，两导线间的分布电容是产生电容性耦合的关键因素。

2.2　工程上估算感应噪声电压 U_n大小的方法

假设噪声电缆和受感应电缆间的距离为 b，受感应电缆的离地高度为 h，由于噪声电缆和受感应电缆间的等效分布电容 C_s以及受感应电缆的对地电容 C_L分别反比于 b 和 h，所以式

(2－4)就可近似地估计为

$$U_{\mathrm{n}} = \frac{h}{b} U_{\mathrm{s}} \tag{2-5}$$

在工程上可以用式(2－5)去估算在没有采取任何屏蔽的前提下,由于电容性耦合产生的最大的感应噪声电压。由此可见,加大噪声电缆和受感应电缆间的距离 b,或者降低受感应电缆的对地高度 h 对抑制电容性耦合是有利的。

2.3　雷击中的电容性耦合

现以带负电的雷云对地放电为例来说明雷击中的电容性耦合。

假设当空间有带负电的积雨云出现时(图 2－3),在积雨云下的金属导线表面由于静电感应的作用会感应出与雷云下端电荷异号的正电荷。由于从积雨云的出现到发生雷击所需要的时间比雷击放电过程的时间要长得多,因此金属导线表面可以有充分的时间积累大量的正电荷。此时,原为中性的金属导线上就会产生相应的负电荷被排斥并向反方向或两侧移动,经泄漏流入大地。因移动的速度较慢,形成的电流极小,对控制系统不构成威胁。

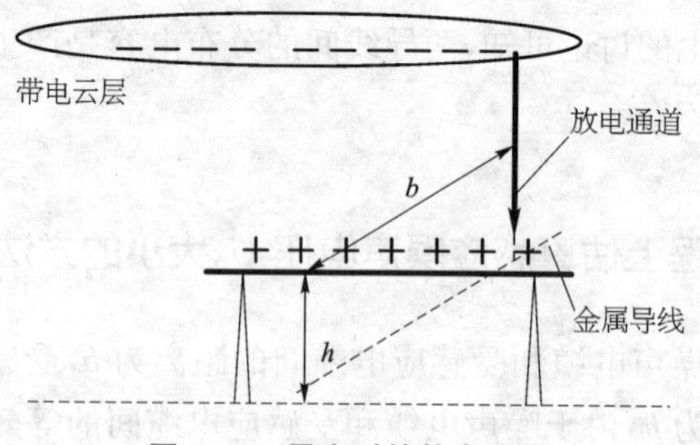

图 2－3　雷击时的静电感应

雷云放电前，在金属导线表面上积累的电荷停留其表面上，不会自由移动，所以称为束缚电荷，对控制系统不构成威胁。当云层中的电荷不断积累，云层与地之间的电场强度也在不断增加，当某处的电场强度超过了空气可能承受的击穿强度时(电场强度一般要达到 2 500～3 000 kV/m)，就形成了云地间的放电。

雷云对地放电后，带电雷云所带的电荷迅速被中和，而金属导线上被感应的电荷，由于与大地间的电阻比较大，不能在同样短的时间内立即消失，这些失去束缚的电荷将向两侧流动，形成了干扰电流，其大小可达 10 A 左右。这种干扰电流在信号回路上的流动就有可能将电子设备损坏。

图 2-4 是雷击中静电感应(电容性耦合)的另一种模型。如果雷击大地或避雷器接闪时，由于雷电流是一个电流源而不是电压源，它在接地电阻上产生的电压降，会使雷电通道或避雷器升至很高的电压，从而使雷电通道(或避雷器)和信号电缆间通过分布电容发生电容性耦合，在信号电缆对地间产生一个很大的感应噪声电压，给设备带来损伤。

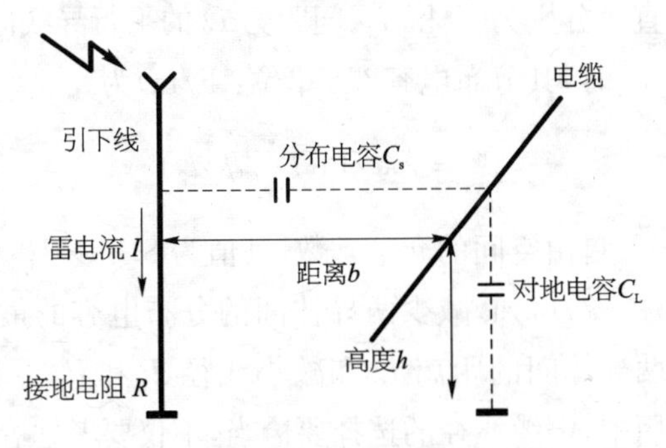

图 2-4 电容性耦合的另一种模型

根据式(2-5)可计算出由于静电感应在信号电缆上产生的感应过电压。设在引下线中的接闪电流为 I，接地装置的接地

电阻为 R,故式(2-5)中的 $U_s = IR$,引下线和信号电缆间的距离为 b,信号电缆的离地距离为 h,所以由于雷击,在信号线上产生的对地感应过电压 U_n 为

$$U_n = IRh/b \tag{2-6}$$

由此可见,雷击时由静电感应所产生的感应过电压还和外部防雷装置的接地电阻的大小有关。同时,受感应的电缆离地高度愈高,产生的感应过电压也愈大。

2.4　抑制电容性耦合的措施

由式(2-2)可知,在噪声频率较低时,电容性耦合噪声的大小正比于下列因素:噪声电压;噪声频率;两导体间的分布电容;受感应体的总电阻值。

上述的诸因素中,噪声电压、噪声频率、受感应体的总电阻值往往是不可控的。所以抑制电容性耦合的一种基本方法是减小噪声导体与受感应导体间的分布电容值。

两根直径分别为 d_1 和 d_2、间距为 D 的平行导线间,当 D 远大于 d_1 和 d_2 时,其分布电容 C_s(单位:F/m)为

$$C_s = 2\pi\varepsilon/\ln(D^2/d_1 d_2) \tag{2-7}$$

式中　ε——自由空间的介电常数,其值为 8.85×10^{-12} F/m。

由式(2-7)可知,减少两导体间的分布电容的最简单的方法是加大两导体间的距离 D 和减小线径 d_1 和 d_2。也就是说,在工程应用中,电缆线径的选择要恰当,不仅要考虑容许的通流能力、阻抗的大小,还要考虑减少其分布电容的大小,即在满足通流能力和阻抗要求的前提下,应尽量减小电缆的线径。

在如图 2-5 所示的情况下,噪声源为交流 100 V、50 Hz 的

电源线，与平行走线的信号线会产生电容性耦合。当信号线和电源线之间的平行长度为 90 m 时，它们之间的距离分别为 2 mm 和 10 mm 两种不同的情况下，测得的感应噪声电压分别为 2.1 V 和 0.32 V。可见，加大信号线和电源线之间的距离，由于分布电容的急剧下降，导致噪声耦合减弱。所以，在工业现场，不允许将直流信号线和低压交流电源线合在同一根电缆里，而且还要将信号线和电源线以及高频信号线等保持一定的距离。

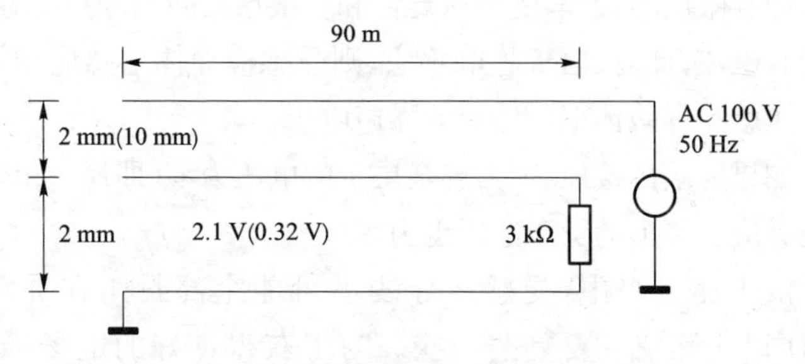

图 2-5 电容性耦合和距离的关系

在工业现场，电缆的数量庞大，不可能用加大导体之间的距离来减少两导体间的分布电容，此时就得采用下面所述的静电屏蔽。

2.5 电缆的静电屏蔽

当受感应导线的外层包了金属屏蔽层后(图 2-6)，设屏蔽层的对地电容为 C_L，如屏蔽层不接地，作用在屏蔽层上的感应噪声电压 U_n 为

$$U_n = \frac{C_s}{C_s + C_L} U_s \tag{2-8}$$

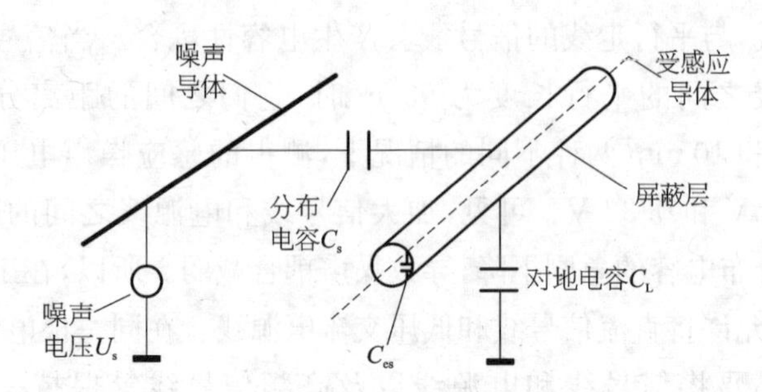

图 2-6　导体屏蔽时的电容性耦合

因屏蔽层不接地,受感应导体和屏蔽层之间的分布电容 C_{es} 上没有电流,此时,由于静电感应,则受感应导体上感应到的噪声电压就是屏蔽体上所感应的噪声电压。

如果屏蔽体接地,因为屏蔽层上的电压为零(即地电位),所以受感应导体上的噪声电压也为零。

由于在工程中,受感应导线不可能全部封闭在屏蔽体内,所以实际情况要复杂一些。为了获得良好的电场屏蔽,需要做到:

(1) 最大限度地减小中心导线延伸到屏蔽层之外部分的长度。这部分未屏蔽的线缆,在有些书上称为"猪尾巴",特别当机柜内部有诸如交流电源线、高频信号线时,会在机柜内部的未屏蔽线段上感应出很大的干扰电压。

(2) 必须为屏蔽层提供一个良好的接地,所谓良好是指地电位要相对稳定。工业上多半是在控制室这一侧接地。

2.6　主动屏蔽与被动屏蔽

这里,我们讨论的是受感应导体采用屏蔽的情况,这种屏蔽称为"被动屏蔽"。如果我们将噪声导体进行同样的屏蔽并接地,封闭由噪声导体所产生的电力线,同样可以抑制电容性耦合,这种屏蔽称为“主动屏蔽”。在许多工业现场,往往只注意信号电缆的屏蔽,却忽视了诸如电力线、高频信号电缆的屏蔽,这是一个误区。其实,主动屏蔽比被动屏蔽更重要。所以在工业现场,无论是电力电缆,或者是信号电缆,都应采取屏蔽措施。

2.7 静电屏蔽和拉开电缆间距效果的比较

图 2-7 是一个比较静电屏蔽和拉开电缆间距效果的试验例子。干扰源是两个并联的继电器,当用开关 S 将通电的继电器线圈突然断开时,继电器线圈电感里所储存的能量就要释放,会产生很大的反冲电压。这种反冲电压波形的前沿具有很大的变化速率,由此在导线上所产生的电力线变化的速率也非常高。这是一个含有相当高频率成分的噪声源。此外,接点间的火花放电也会产生频谱很宽的噪声。

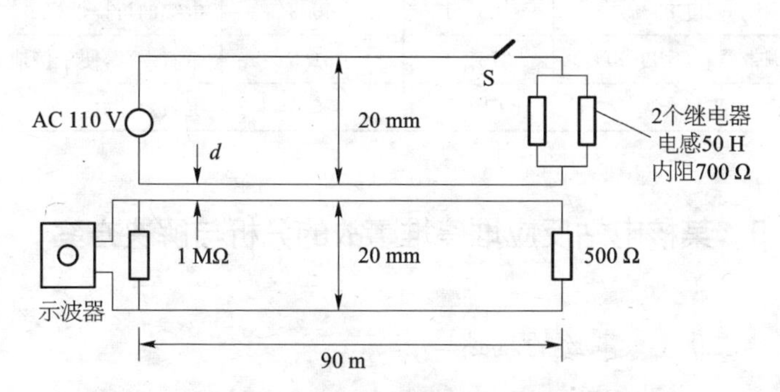

图 2-7 采用静电屏蔽的效果要比拉开电缆间距显著

由实验数据可知(表 2-1),用铜编织网进行屏蔽的话,感应出的噪声很小。若用增加两电缆间的距离 d,还是能感应出几十伏的噪声电压。所以,用静电屏蔽抑制电容性耦合噪声的效果一般要比拉开电缆间距减小分布电容的效果更显著。

表 2-1 加大电缆间距与屏蔽抑制噪声的效果对比

线间距离 d (mm)	感应的噪声电压(V)	
	导　线	编织网屏蔽导线
0	40～90	0.25～0.7
170	12～30	0.15～0.6
510	7～20	0.05～0.3

2.8 不同屏蔽材料的屏蔽效能

不同屏蔽材料的静电屏蔽效能见表 2-2。由表 2-2 可知，铝-聚酯复合膜的静电屏蔽效能最好，但铝-聚酯复合膜的接地稍麻烦，另外如质量不佳，铝薄膜和聚酯薄膜会脱落。

表 2-2 不同屏蔽材料的静电屏蔽效能

屏蔽材料	干扰衰减比	屏蔽效能(dB)	特　点
铜网(密度 85%)	103∶1	40.3	电缆的可挠性好
铜带叠卷(密度 90%)	376∶1	51.5	带有焊药，便于接地
铝-聚酯复合膜	6 610∶1	76.4	屏蔽效能好

2.9 某核电站反应堆停堆事故的分析与解决方案

2.9.1 事故的描述

某核电站的某机组正保持 100%满功率运行。根据计划，该天要对其安全系统进行在线的测量通道试验。试验时需使用便携式斜波信号发生器做信号源。在进行通道试验前，先将斜波信号发生器的输入电源线(AC 220 V)插在电源插座上，而后再将斜波信号发生器上的电源开关合上。试验时，斜波信号发生器突然发生黑屏。据现场人员回忆，电源插座和插头间的接触不良而发生松动，使斜波信号发生器断电，从而发生黑屏。为此，曾有人去晃动过该电源插头，导致斜波信号发生器的交流输入电源瞬间发生了多次的“通-断”现象，从而在控制室里出现大量信号的异常报警，导致反应堆自动紧急停堆。

2.9.2　事故原因的理论分析

图 2-8 是发生停堆事故的分析示意图。

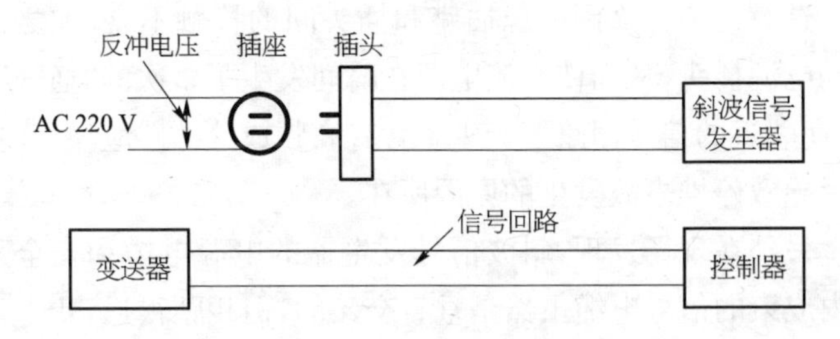

图 2-8　发生停堆事故的原因分析

斜波信号发生器的交流电源输入端是一个电源变压器，属感性负载。设该变压器输入端的等效电感为 L，斜波信号发生器在正常通电时的工作电流为 I，作为一个储能元件——电源变压器的线圈储有的能量 W 为

$$W = LI^2/2 \tag{2-9}$$

当电源插头和插座从接通状态突然断开时，电源变压器的线圈会瞬间在电源回路上产生一个幅值高达 1 000 V 以上的反冲电压浪涌，该浪涌的前沿很陡，电压的变化率非常高。由此通过电源电缆和信号电缆间的分布电容产生电场的耦合，从而就会在电源电缆邻近的信号回路上产生一个含有高频成分的感应噪声电压(在记录曲线上呈现的是尖峰脉冲)。如果电源插头和插座间发生火花放电，则产生的噪声浪涌的频谱更宽，幅值

更高。

在现场曾对斜波信号发生器做过如下一个试验：斜波信号发生器的电源在由断开到接通时，产生的浪涌电流仅为940 mA，斜波信号发生器的功率约为80 W，正常的工作电流约为300 mA，即斜波信号发生器的启动电流为正常工作电流的3倍左右，属正常现象。

由此可见，在信号回路上产生的干扰脉冲是发生在斜波信号发生器的供电回路由接通状态转入到断开状态的瞬间。

这就是为什么因电源插座和插头间的接触不良，加之人为晃动电源插头，从而使交流电源在瞬间发生了多次的“通-断”现象，使邻近的信号回路上产生了含有高频成分的感应噪声电压，最后导致停堆事故发生的原因所在。

另外在现场发现，斜波信号发生器的电源电缆和安全系统柜内成束的信号电缆虽然是垂直交叉的，但相距很近，几乎是贴近的。成束的信号电缆采用了屏蔽层，并一端接地，但“猪尾巴”太长，完全有可能造成电源电缆和信号电缆间的电场耦合。

2.9.3 现场试验

乘大修期间，在现场去模拟事故的发生过程。试验的步骤如下：

(1) 将斜波信号发生器的功率开至最大挡。

(2) 使用多通道数据采集记录仪采集相关通道的测量数据。

(3) 采用电阻箱模拟热电阻温度信号，输入至安全系统的某个输入点。

(4) 临时用一根电缆作为斜波信号发生器的电源电缆放置至机柜顶部并贴近机柜，将斜波信号发生器的电源插头在电源插座上反复地进行人为插拔(一般在10～20次)，模拟事故发生时的情况。根据多通道数据采集记录仪上拾取信号的记录曲线,发现几个尖峰脉冲(图2-9,图中从上往下数第3根曲线与本试验无关)。

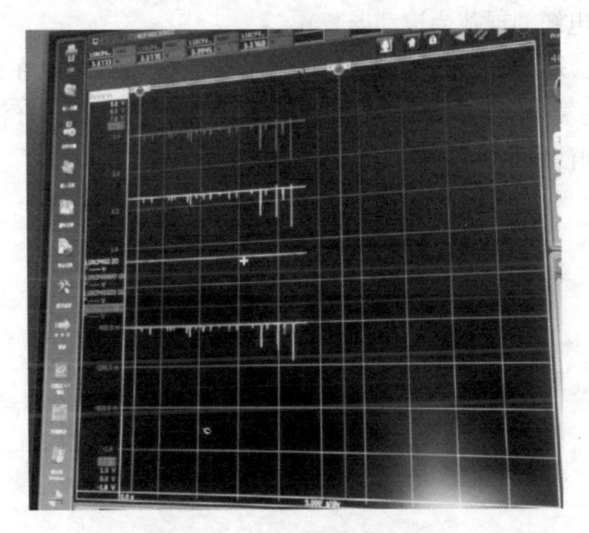

图2-9　测试结果的记录曲线

(5) 在现场试验过程中,将电源电缆分别远离机柜至60 cm、100 cm并重复上述试验。在电源电缆贴近机柜时产生的最大尖峰脉冲为1 600～2 100 mV,在距离为60 cm时为300～600 mV,在距离100 cm时为20～80 mV。

(6) 再将电源电缆从机柜顶部下移至机柜中部、下部及机柜顶的上部空间,测试到的感应干扰电压的峰值都有明显下降。

上述的现场试验数据验证了该系统发生停堆事故的原因所在。

2.9.4　解决方案

解决机组停堆事故发生的基本方法是将电源电缆移至机柜的外部,使该电缆离机柜外壁的距离在各个方向上起码要大于 1 m。

一般电源电缆为无屏蔽、无双绞的普通电力电缆。故建议改用带屏蔽层的电力电缆，屏蔽层一端接地，以实现主动屏蔽（信号电缆的屏蔽为被动屏蔽）。

在现有的装置上，对有幅值较小的干扰尖峰，可以在柜内信号线的端口套上铁氧体磁环进行滤波，有关铁氧体磁环滤波的原理和使用可见第 8 章。

3

干扰的电感性耦合和电缆的电磁屏蔽

3.1 电感性耦合的模型

从电磁感应原理可知，线圈切割磁力线会产生感应电动势。反之，线圈不动，周围的磁力线发生变化，也同样会在线圈两端产生感应电动势。所以一根导线，当流过它的电流大小发生变化时，在其周围就会产生交变的磁场。若在这个交变的磁场中有另外一个闭合回路，就会在回路中产生感应电流。这种通过磁力线形成的耦合，称为电感性耦合或磁场耦合，其耦合程度的大小可以用互感 M 来表示。

图 3－1 是两个回路间的电感性耦合的模型。噪声回路的噪声电压为 U_i，U_i 在导体 Z_1 回路内产生的电流为 I，则在感应回路 Z_2 上产生的感应电压（串联在被干扰回路里）为

$$U_N = j\omega MI \qquad 或 \qquad U_N = M\frac{di}{dt} \tag{3-1}$$

由式(3－1)可见，电感性耦合的噪声大小正比于噪声回路里电流 I 的变化率 di/dt 和两回路间的互感 M。

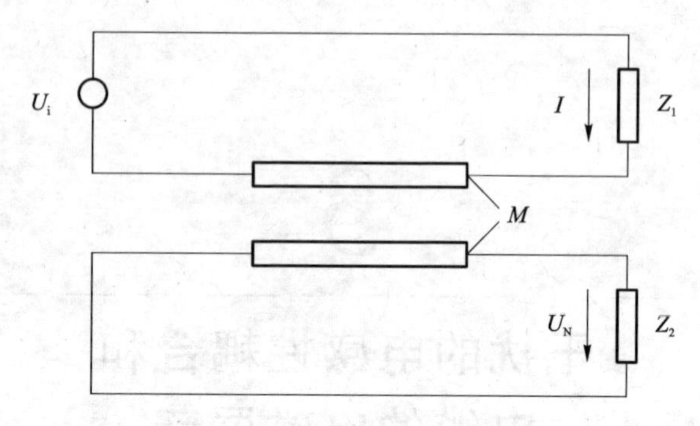

图 3-1　电感性耦合的模型

一般而言，噪声回路的电流 I 的变化率是不可控的，减小电感性耦合的有效方法是设法减小两回路间的互感 M。减小互感 M 的方法有：

(1) 拉开两回路之间的耦合距离，包括回路之间的相对位置。一般而言，两个回路的平面相互垂直比相互平行的耦合要小。

(2) 尽可能减小噪声回路和感应回路的环路面积以减少回路内的磁通量密度。

(3) 除此以外，应采用电磁屏蔽，包括双绞电缆、同轴电缆和金属屏蔽管的使用。

如某信号线与电压为 AC 220 V、频率 50 Hz、负荷10 kV·A 输电线的距离为 1 m，平行走线的长度为 10 m，两线之间的互感为 4.2 μH，按式(3-1)，则输电线在信号线上感应的干扰电压为

$$U_N = \omega MI = 2\pi fMI = 2\times 3.14\times 50\times 4.2\times 10^{-6}\times 10\times 10^3/220 = 59.98(\text{mV})$$

当信号电压的量程为 1～5 V 时，这个感应噪声电压的大小即相当于增加了 1.5%的误差。

3.2　同轴电缆的主动电磁屏蔽

如图 3－2 所示的导线 AB 流过交变电流 I 时，便成为向外界发出交变磁通的噪声源。磁通方向用右手定律确定，其方向如图所示。

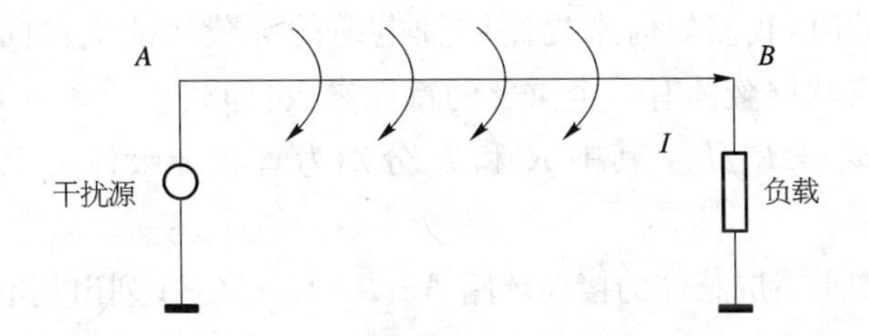

图 3－2　作为干扰源的导体

如果在导线 AB 外面增加一个管状屏蔽体，并按图 3－3 连接。电流在流经负载后，全部沿导体的屏蔽体返回到干扰源。由于流过屏蔽体上的电流也会产生磁通，且与导体 AB 产生的磁通是大小相等而方向相反，这样，在屏蔽体的外面，便不存在磁通，即导线 AB 被电磁屏蔽了。

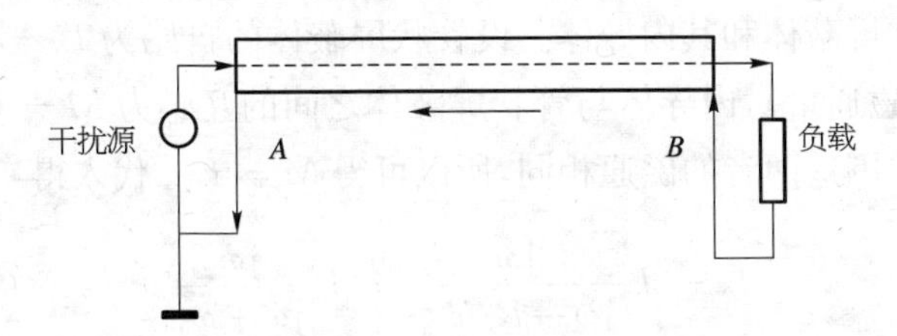

图 3－3　同轴电缆作为干扰源导体的电磁屏蔽

如果将干扰源和负载两侧都接地(图 3－4)，由于流过屏蔽体的电流 I_2 小于导线 AB 内的电流 I，所以 I_2 所产生的磁通量抵消不了导线 AB 内电流 I 产生的磁通量，则在电缆的外部依然还存在着一定大小的磁场。

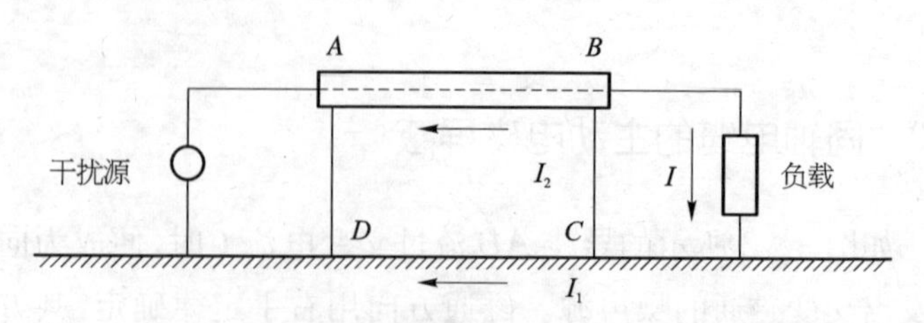

图 3－4　干扰源和负载都接地时的主动电磁屏蔽

此时，我们如何来提高同轴电缆的屏蔽效能呢？同轴电缆的管状屏蔽体有一个重要的特性参数，即截止频率 ω_c，其定义为 $\omega_c = R_s/L_s$，其中 R_s 和 L_s 分别为管状屏蔽体的电阻和电感。

如果沿屏蔽体的接地环路 $A—B—C—D—A$ 列出其电压方程式：

$$0 = I_2(j\omega L_s + R_s) - Ij\omega M \tag{3-2}$$

式中　M——屏蔽体与中心导体间的互感。

当管状屏蔽体上有均匀电流 I_2 时，所有的磁场在管状屏蔽体的外部，而在管状屏蔽体内部没有磁场。因此，当管状屏蔽体内部有一个导体时，管状屏蔽体流过的电流产生的磁场同时包围管状屏蔽体和其内导体。设管状屏蔽体的自感为 $L_s = \Phi/I_2$（Φ 为磁通量），内导体与管状屏蔽体之间的互感为 $M = \Phi/I_2$，由于包围这两者的磁通相同，所以可得 $M = L_s$。代入得

$$I_2 = I\frac{j\omega}{j\omega + R_s/L_s} = I\frac{j\omega}{j\omega + \omega_c} \tag{3-3}$$

由式(3－3)可知，当导体中流经的干扰电流其频率 ω 远大于截止频率 $\omega_c = R_s/L_s$ 时，I_2 接近于 I，即 I 的绝大部分电流流过屏蔽体，此时屏蔽效能很好。当干扰频率 ω 低于 $5\omega_c$ 时，大部分电流从地面返回，屏蔽作用较小，所以干扰频率为低频时，不宜将屏蔽体两端接地。

为了扩大同轴电缆使用的频率范围,特别在低频时,应设法减小截止频率 ω_c,根据截止频率的定义 $\omega_c = R_s/L_s$,应减小屏蔽体的 R_s 以及加大屏蔽体的 L_s,这就是为什么要将同轴电缆的屏蔽体做成管状的道理所在。大多数同轴电缆的截止频率在数千赫兹到数万赫兹之间。

将作为干扰源的同轴电缆进行电磁屏蔽,被称为主动电磁屏蔽。

3.3 同轴电缆的被动电磁屏蔽

作为信号线路,为防止外界磁场干扰的最好方法是减小接收环路的面积以减少干扰磁场对接收环路产生的磁通量密度。这里所说的环路面积是指由于外界交变磁场在信号电路中产生的感应电流路径所包围起来的全部面积。

如果有一个外界磁场(如雷击时在空间产生的脉冲磁场)作用于如图 3-5 所示的信号回路,则有下列四种情况:

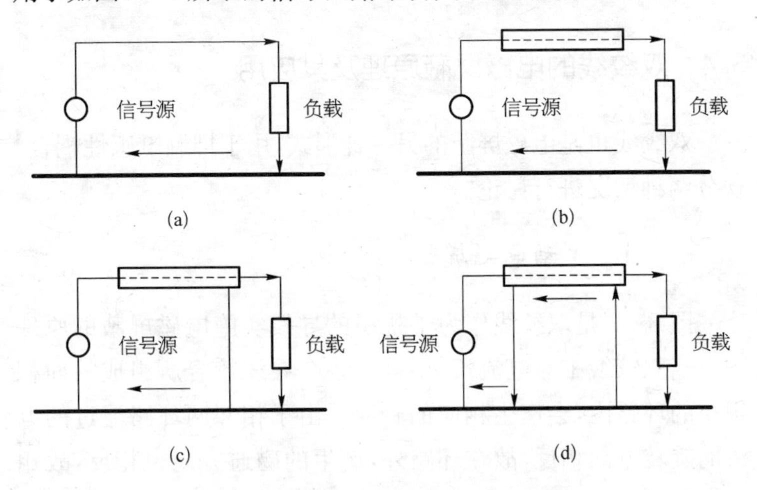

图 3-5 同轴电缆的被动屏蔽原理

(1) 信号回路不加屏蔽,则易受外界磁通的干扰。

(2) 信号回路加屏蔽但屏蔽体不接地,由于外界干扰磁场产生的感应电流所流经的回路面积不变,即互感没变,仍无屏蔽效能。

(3) 将屏蔽层一端接地,同样也不能减小由于外界磁场产生的感应电流所流经的回路面积,依然无屏蔽效能。

(4) 如将屏蔽体两端接地,如果外界干扰磁场的频率远大于屏蔽体的截止频率,大部分感应的干扰电流从屏蔽体返回,从而减小了感应干扰电流所流经的回路面积,于是减小了互感,就起到了电磁屏蔽的效果。

常用同轴电缆来防止外界交变磁通对金属导线的影响,其实不是利用屏蔽体的磁屏蔽特性去实现屏蔽的,而是将非磁性屏蔽体(即导电材料)包围在导体周围,并让它成为感应干扰电流的一个返回通路,起到使感应干扰电流流过的回路所包围的面积最小,从而使接收外界磁通的影响也最小。

将同轴电缆作为信号回路的电磁屏蔽,被称为“被动电磁屏蔽”。

3.4　双绞线的电磁屏蔽原理及其应用

双绞线也是电磁屏蔽的另一种形式,用于抑制电感性耦合。现分两种情况进行讨论。

3.4.1　主动电磁屏蔽

图 3-6 是双绞线作为干扰源的导线实施电磁屏蔽的原理图。当双绞线中有电流流过时,在各个导线绞合所组成的面积很小的环路内,会产生相应的磁通。由于相邻两环路流过的电流的旋转方向相反,故在环路外,产生的磁通方向也相反,故相互抵消。

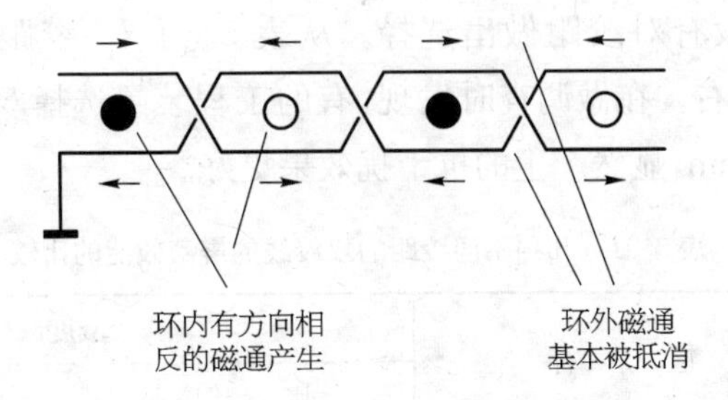

图 3-6　双绞线对干扰源的主动电磁屏蔽

3.4.2　被动电磁屏蔽

图 3-7 是双绞线对信号电缆实施电磁屏蔽的原理图。双绞线在外部干扰源的作用下,每个环路均被感应出同样旋转方向的干扰电流,其电流方向如图所示。这样,同一根导线在相邻两个环路线段上流过的干扰电流大小相等、方向相反,因而被抵消。所以在总的效果上,信号电缆里并没有感应出干扰电流。

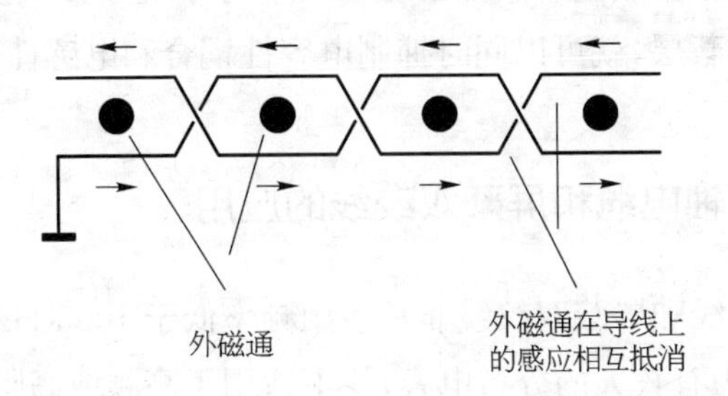

图 3-7　双绞线对信号线实施的被动电磁屏蔽

无论是主动屏蔽或被动屏蔽,减小绞距,意味着感应环路的面积减小,由于穿越环路的磁力线的数量也随之减少,故磁场的耦合也愈小,所以双绞线的屏蔽效能系随每单位长度导线的绞合数的增加而提高(表 3-1)。表中的噪声衰减度系相对于一对平行导线而言。虽然双绞线的绞距愈小,屏蔽效能愈好,但是耗材也大,成本也高。国内的许多工程设计标准在规定采用双绞线时，没有对绞距做出选择。从表 3－1 看，绞距一般可取 50 mm左右。在做调查时发现，有的工程装置选择双绞线的绞距为 25 mm，显然产生的抗干扰效果更好。

表 3－1 几种不同绞距的双绞线的屏蔽效能的比较

试 验 条 件	噪声衰减度	
	比 例	dB
平行导线	1	0
双绞线(1 绞/101.6 mm)	14：1	23
双绞线(1 绞/76.2 mm)	71：1	37
双绞线(1 绞/50.8 mm)	112：1	41
双绞线(1 绞/25.4 mm)	141：1	43
金属导管内平行线	22：1	27

由于双绞线使用十分方便，价格较低，屏蔽效能也较好，所以在工程中常用到它。如果在双绞线的外面再加一层单端接地的金属屏蔽层，就可以同时抑制电容性耦合和电感性耦合。

3.5 同轴电缆和屏蔽双绞线的应用

双绞线和屏蔽双绞线非常适用频率低于 100 kHz 的电磁屏蔽，但因为有较大的分布电容，故不适用于高频或高阻抗回路。

同轴电缆在很大的范围内具有均匀不变的低损耗的特性阻抗，可用于从直流到甚高频乃至超高频的频段。

无论是屏蔽双绞线，或者同轴电缆，要注意屏蔽体的接地。对屏蔽双绞线，为了抑制电容性耦合，屏蔽体应单端接地，为方便起见，通常在控制室侧接地。

对同轴电缆，如主动屏蔽，最好是一端接地；如需要两端接地，一定要注意干扰的频率必须大于 5 倍屏蔽体的截止频率。

如是被动屏蔽,在满足干扰的频率大于 5 倍屏蔽体的截止频率时,屏蔽体应两端接地。

另外,必须注意,任何屏蔽体在接地网上的接地点,其地电位应相对稳定,即离防雷地或大功率的电气设备的接地点要保持一定的安全距离。

3.6　电容性耦合与电感性耦合的区分

电容性耦合与电感性耦合往往是同时存在的,对某根电缆,如何判断两者之中以哪一种耦合为主,在工程上有一种最简单方法:如信号电缆为屏蔽双绞线,屏蔽层在控制室侧单端接地的话,可将屏蔽层的接地端断开,如噪声情况更加严重,即以电容性耦合为主,如噪声情况没有发生变化即以电感性耦合为主。

另根据经验,高电压回路容易成为电容性耦合的干扰源;大电流回路容易成为电感性耦合的干扰源。电容性耦合产生的噪声对受干扰的电路属共模噪声,即感应的噪声电压并联于受干扰的电路;电感性耦合产生的噪声对受干扰的电路属串模噪声,即感应的噪声电压串联于受干扰的电路。

3.7　金属管线对雷电磁场的屏蔽作用

3.7.1　概述

当控制系统遭雷击时,由于雷电电磁脉冲的磁场强度非常强大,可达 1 000 A/m 以上,上述讨论的同轴电缆或双绞电缆的电磁屏蔽不足以抑制雷电磁场的干扰。此时的屏蔽层应两端或多端接地,直至穿金属管埋地敷设。

关于金属管埋地敷设的屏蔽原理阐述如下。

为了减小雷电磁场对信号回路或其他回路(包括电力电缆)的干扰,如图 3-8 所示,在外部防雷装置引下线 1 附近的受扰导线 A 的外面穿一根两端接地的金属屏蔽管 P,并假定两接地端的地电位差为零。

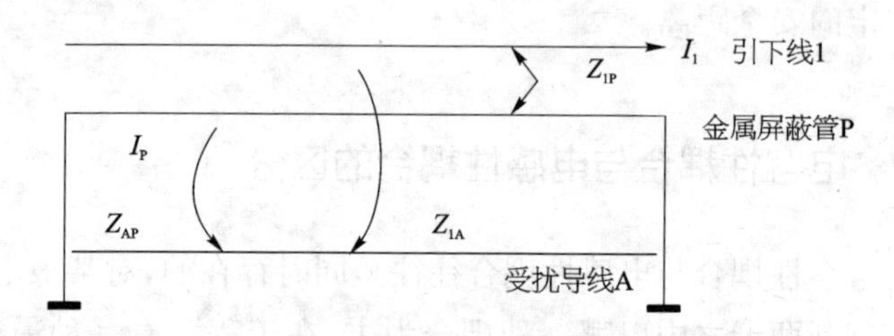

图 3-8 穿金属管的屏蔽原理

当雷电流 I_1 流过外部防雷装置的引下线 1 时,会在金属屏蔽管 P 和受扰导线 A 上同时产生感应电流。由于金属屏蔽管 P 是两端接地的,又将受扰导线 A 包围在内,所以金属屏蔽管上的感应电流 I_P 又会在受扰导线 A 上产生一个二次感应电流。原磁场和二次磁场在受扰导线 A 上产生的感应电流的方向肯定相反,而且原磁场产生的感应电流要大于二次磁场产生的感应电流,否则就不符合能量守恒定理。这样就降低了雷电流对受扰导线 A 的影响,从而产生了屏蔽作用。

如何提高这种屏蔽效能,其中一个因素取决于屏蔽体(即金属穿管)的电阻,屏蔽体电阻愈小,I_P 愈大,屏蔽效能就愈好。有数据表明:设屏蔽管单位长度的电阻为 R_s(单位:Ω/km),$R_s \leqslant 1\ \Omega/\text{km}$ 的屏蔽效能是 $1\ \Omega/\text{km} \leqslant R_s \leqslant 5\ \Omega/\text{km}$ 的 2 倍。

为此,将金属穿管多端接地,就相当于增加并联点,从而减小了屏蔽体(即金属穿管)的电阻。金属管接地点愈多,屏蔽效能愈好,直至将金属管全部埋地,屏蔽效能最佳。

在工程实施中,可以作为上述金属屏蔽管的有电缆的金属保护套管、电缆的金属走线槽(但必须要保证它的电气连续性,故在走线槽间用铜编织线跨接)、铠装电缆的钢带等。

3.7.2　理论分析

上述的屏蔽原理,我们还可以用电路中的自电阻和互电阻的概念去分析。

设金属屏蔽管的屏蔽效能用屏蔽系数 K_0 表示:

$$K_0 = E_A / E_{A0} \tag{3-4}$$

式中　E_A——有金属屏蔽管时,受扰导线 A 上产生的感应电势;
　　　E_{A0}——无金属屏蔽管时,受扰导线 A 上产生的感应电势。

由图 3-8 可得

$$Z_P I_P - Z_{1P} I_1 = 0 \tag{3-5}$$

$$Z_{1A} I_1 - Z_{AP} I_P = E_A \tag{3-6}$$

式中　Z_{1A}——引下线 1 和受扰导线 A 之间的互阻抗;
　　　Z_{AP}——受扰导线 A 和金属管 P 之间的互阻抗;
　　　Z_{1P}——引下线 1 和金属管 P 之间的互阻抗;
　　　Z_P——金属管 P 的阻抗。

整理后可得穿金属屏蔽管时的感应电势为

$$E_A = Z_{1A} I_1 (1 - Z_{1P} Z_{AP} / Z_P Z_{1A}) \tag{3-7}$$

而无屏蔽金属管时的感应电势为

$$E_{A0} = Z_{1A} I_1 \tag{3-8}$$

所以屏蔽系数为

$$K_0 = E_A / E_{A0} = 1 - Z_{1P} Z_{AP} / Z_P Z_{1A} \tag{3-9}$$

由式(3-9)可知:

(1) 为提高金属屏蔽管的屏蔽效能(即减小屏蔽系数 K_0

值)，要求金属屏蔽管靠近引下线1和被扰导线A，使互阻抗 Z_{1P} 和 Z_{AP} 增大。

(2) 尽量减小金属屏蔽管的阻抗 Z_P。

(3) 尽量减小引下线1和受扰导线A之间的互阻抗 Z_{1A}，即拉开引下线和受扰导线A之间的距离。

3.7.3　金属屏蔽管两端接地的地电位差带来的影响

在讨论如图3-8所示的穿金属管的屏蔽原理时，将金属管的两端接地，并假定两接地端的地电位差为零。如果两接地端的地电位差不为零而且很大时，会发生什么情况？

图3-9是某核电站的一个流量测量系统图，从智能差压变送器到信号采集卡的信号电缆采用穿金属管架空敷设，金属管右侧的接地点位于控制室侧的地网，而金属管左端的接地点位于外部防雷装置的接地点附近。当外部防雷装置接闪时，假设雷电流为100 kA，接地电阻为1 Ω，因雷电流系电流源，故左侧地电位将升高至100 kV左右；如金属管右侧接地点的地电位为0 V的话，则两接地点之间的地电位差便会在金属管回路内形成一个很大的附加环流，该附加环流的方向取决于地电位差的方向。由于该附加电流的存在，便会在信号的回路(即相当于图3-8中的受扰导线A)内产生一个很大的感应电流，从而将信号采集卡烧坏，若智能差压变送器没有设置诸如浪涌保护器这

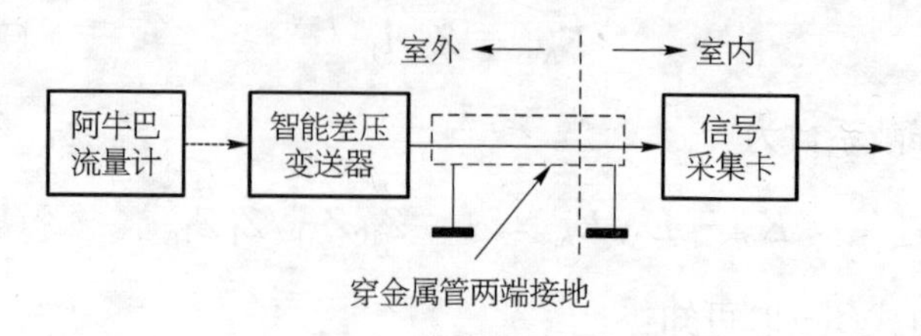

图3-9　流量测量系统图

样的防雷措施，也同样会损坏。

由此可见，在工程实践中，一定要注意不能让金属管或金属屏蔽层的两接地端之间有很大的地电位差。

4

干扰的辐射耦合和电缆的辐射屏蔽

当场源的电流或电荷随时间变化时，就有一部分能量进入周围空间，这种现象称为电磁能量辐射。辐射耦合是指电磁能量以电磁波的形式在空间传播，然后通过感受体耦合到电路形成干扰的一个能量传递过程。我们把通过电磁辐射途径造成的干扰耦合称为辐射耦合。辐射耦合以电磁波的形式将能量从一个设备或电路传输到另一个设备或电路，这种传输路径小至系统内可以想象的极小距离，大至相隔较远的系统间乃至星际间的距离。

在工程中，辐射耦合的途径主要有天线—天线、天线—电缆、天线—机壳、电缆—机壳、机壳—机壳、电缆—电缆等。

研究辐射问题往往是从研究单元偶极子的辐射入手。单元偶极子是一种基本的辐射单元，也称为偶极子天线，实际的辐射源可以看成是许多这种偶极子天线构成的，而辐射源的电磁场可看成是这些偶极子天线所产生的电磁场的叠加。单元偶极子分单元电偶极子和单元磁偶极子两种。

为了便于工程上的实际应用，避开繁复的电磁场理论，直接从电磁场理论中的近场与远场以及波阻抗的概念去讨论电磁干扰的辐射耦合。

4.1 近场和远场（感应场和辐射场）

电磁场的特性取决于源、源周围的介质以及源和观察点之间的距离。在距离源比较近的点，场的特性主要由源的特性决定；如果在距离源比较远的点，那么场的特性主要取决于场传输过程中所经由的介质。所以辐射源周围的空间可以划分为两个区域，即近场和远场。

辐射源附近称近场，距离大于$\lambda/2\pi$（λ为电磁波的波长，在工程上可以用$\lambda/6$来近似$\lambda/2\pi$）的地方称远场，而接近$\lambda/2\pi$的区域称为近场和远场的过渡区域。这是一种约定。波长和传播速度以及频率的关系如式(4-1)所示：

$$\lambda = c/f \tag{4-1}$$

式中 c——电磁波的传播速度(3×10^8 m/s)；

f——电磁波的频率(Hz)。

例如，10 MHz的电磁干扰的远场界区约为5 m左右，30 MHz的电磁干扰的远场界区约为3 m左右，100 MHz的电磁干扰的远场界区约为0.5 m左右。如果30 kHz的电磁干扰的近场范围可达1.6 km。

在近场中，噪声一般是通过前述的电容性耦合和电感性耦合的方式传播到控制系统中去的。在远场中，对控制系统的干扰是通过能量向四方的辐射方式进行的。

令观察点离干扰源的距离r和$\lambda/2\pi$之比为

$$R_x = \frac{r}{\lambda/2\pi} = 2\pi r/\lambda \tag{4-2}$$

式中 r——干扰源和观察点之间的距离；

λ——电磁波的波长；

R_x——干扰源和观察点之间的相对距离。

可以证明，近场只存在电场和磁场之间的能量交换，没有能量输出，即没有辐射。因此近场也称为感应场。只有当 $r \gg \lambda/2\pi$，即在远场区才存在电磁辐射。

4.2　波阻抗

在近场，干扰的耦合主要是通过电场(电容性耦合)，或者通过磁场(电感性耦合)。而在远场，辐射的电磁场在空间的传播是由于电场和磁场的相互作用。例如，在一根导线上流过直流电流，则在导线周围会产生磁力线，而沿导线便产生电力线(即电场的方向和磁场的方向是垂直的)。这样就产生了磁场和电场。当电流发生变化，导线周围的磁场和电场也相应发生变化，这种变化在空间中的传播就是电磁波，它的传播速度等于光速。

最常见的辐射源如无线电广播、通信设备、对讲机、电焊机、晶闸管整流器等高频设备，这些设备在工作时会辐射出功率很大的电磁波。

在远场中，电磁波十分规整，电场和磁场在强度上有固定的比例关系，我们把电场强度 E 和磁场强度 H 的比值定义为波阻抗 Z(单位：Ω)，即

$$Z = E/H \tag{4-3}$$

式中　E——电场强度(V/m)；

H——磁场强度(A/m)。

对近场而言，波阻抗取决于干扰源的特性以及离干扰源的距离。如干扰源为大电流低电压的情况，则近场主要为磁场，波阻抗呈低阻抗特性，以电感性耦合的噪声为主。如干扰源为高电压小电流的情况，则近场主要为电场，波阻抗呈高阻抗特性，

以电容性耦合的噪声为主。

在用上述 R_x 表示干扰源和观察点之间的相对距离时，在近场，干扰源主要为电场时的波阻抗为

$$Z = 120\pi\sqrt{R_x^2 + 1}/R_x \tag{4-4}$$

干扰源主要为磁场时，其波阻抗为

$$Z = 120\pi R_x/\sqrt{R_x^2 + 1} \tag{4-5}$$

在远场时，波阻抗 $Z = E/H$ 是一个常数为 120π，即 377 Ω。所以用场强仪只要测出一个场的强度，另一个场强就可以计算出来。波阻抗 Z 和离干扰源距离 r 的关系如图 4-1 所示。

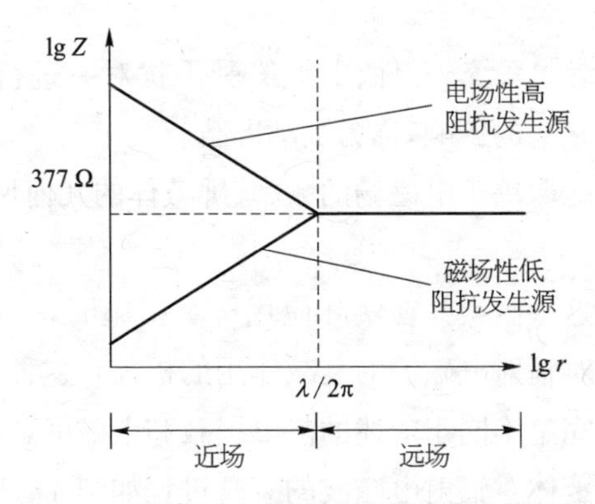

图 4-1 波阻抗 Z 和离干扰源距离 r 的关系

4.3 电磁场耦合的感应噪声

一根金属导线在辐射的电磁场里，就像一根天线，在导体上会产生正比于电场强度的感应电动势 U：

$$U = H_{eef}E \tag{4-6}$$

式中 H_{eef}——比例常数，也称天线的有效高度。

在电磁场中，特别是长的I/O信号电缆、通信电缆和电源电缆等都能接收电磁波而在其上感应出噪声电压。例如当垂直极化波的电场强度为100 mV/m时，长度为10 cm的垂直导体，可以产生5 mV的感应电动势。

4.4　抑制辐射耦合的主要方法——辐射屏蔽

抑制电磁波传播的主要方法就是屏蔽，远场中的屏蔽包括如下两个方面：

(1) 用金属屏蔽体把场源包容起来，不让它向外扩散，称为主动屏蔽。

(2) 将诸如系统、元件、电缆等受干扰对象进行辐射屏蔽，使之不受电磁场的影响，称为被动屏蔽。

屏蔽效能取决于电磁场的频率、屏蔽体的几何形状、屏蔽体材料的性质。

在分析这些因素并在实际应用屏蔽措施时，一定要弄清楚金属屏蔽体对辐射电磁波的衰减作用的机理。这种被称为辐射屏蔽的机理完全不同于前述的静电屏蔽和电磁屏蔽。

金属屏蔽体对辐射电磁波的衰减过程如图4-2所示。

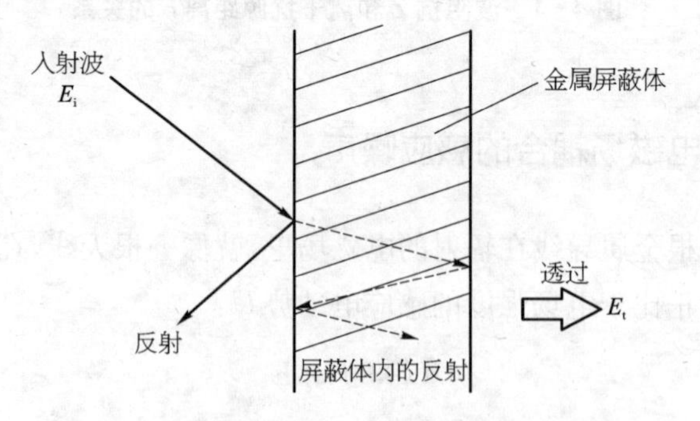

图4-2　金属屏蔽体对入射电磁波的衰减过程

当电磁波 E_i 入射到金属板上时，一部分先由其表面被反射。另一部分进入金属体内，其中一部分在屏蔽体内的传播中由于感应涡流产生了能量消耗；还有一部分在屏蔽体内部经屏蔽体两侧的多次反射而衰减。最后还剩下一部分能量透过屏蔽体出来。设金属屏蔽体的屏蔽效能是透过金属屏蔽体后的电磁波 E_t 和入射波 E_i 的电场强度之比。无限大的屏蔽平板对于平面波入射时的屏蔽效能 S(单位：dB)可用式(4-7)表示：

$$S = 20\lg(E_i/E_t) = A + R + B \tag{4-7}$$

式中 E_i——入射波的电场强度；

E_t——透过屏蔽体后的电磁波的电场强度；

A——电磁波在屏蔽体内传播中由于感应涡流产生的衰减，称吸收损耗(dB)；

R——由于反射作用造成的入射波的损耗，称反射损耗(dB)；

B——因入射波在金属屏蔽体内多次反射造成的损耗(一般可忽略)。

其中：

$$A = 131.4t\sqrt{f\mu_r G} \tag{4-8}$$

式中 t——屏蔽体厚度(mm)；

f——电磁波的频率(MHz)；

μ_r——屏蔽体的相对磁导率；

G——屏蔽体相对于铜的电导率。

在用金属材料做屏蔽体的情况下，反射损耗为

$$R = 108 - 10\lg(f\mu_r/G) \tag{4-9}$$

比较式(4-8)和式(4-9)可知，反射损耗和屏蔽层的厚度无关，而吸收损耗正比于屏蔽体的厚度。另外必须注意到一点，辐射屏蔽与前述的静电屏蔽以及电磁屏蔽相比，做辐射屏蔽的

金属屏蔽体是无须接地的。

厚度为 10 μm 的几种金属箔的屏蔽效能见表 4-1。三种材料的反射损耗曲线和在远场内厚度为 0.508 mm 的铜屏蔽的效果如图 4-3 和图 4-4 所示。

表 4-1　几种金属箔的屏蔽效能　(dB)

	频　率	50 Hz	100 kHz	1 MHz	10 MHz	100 MHz	1 000 MHz
铜箔	反射损耗 R	151	118	108	98	88	78
	吸收损耗 A	0.009	0.4	1	4	13	42
铝箔	反射损耗 R	149	116	106	96	86	76
	吸收损耗 A	0.007	0.3	1	3	10	32
钢箔	反射损耗 R	113	80	70	60	50	40
	吸收损耗 A	0.1	5	17	54	171	542

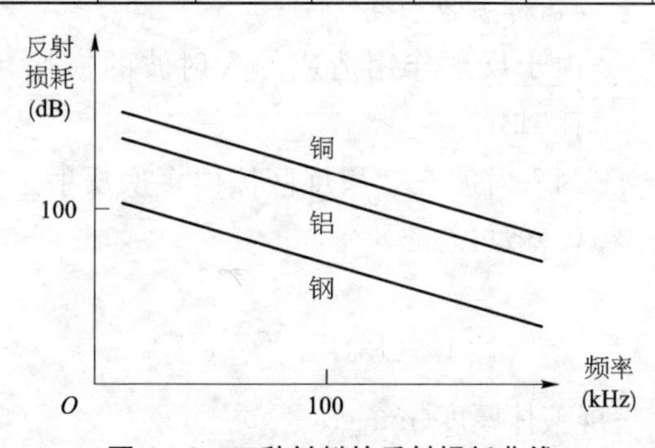

图 4-3　三种材料的反射损耗曲线

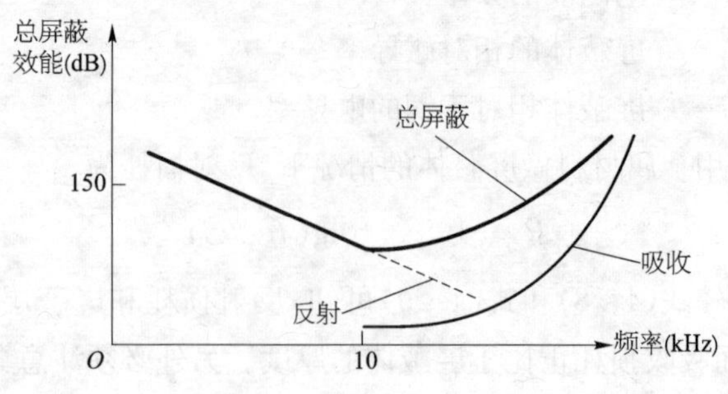

图 4-4　远场内厚度为 0.508 mm 的铜屏蔽的效果

由表 4-1 和图 4-4 可知：

(1) 在频率不太高的情况下，金属材料的屏蔽效能几乎是由其反射损耗 R 所决定的，反射损耗 R 随频率的增加而降低。

(2) 吸收损耗 A 随频率增加而增加，即低频时的大量衰减是由于反射损耗，而高频时大量损耗是由于吸收损耗。

(3) 屏蔽效能(R 和 A 之和)最差的是在中频段。

4.5 电缆屏蔽的综述

控制系统所面临的电磁噪声，大部分是通过外部电缆从端口进入系统的，所以电缆的屏蔽在控制系统的抗干扰过程中显得特别重要。

为抑制电容性耦合、电感性耦合以及辐射耦合，电缆屏蔽层的接地方式是不同的：

(1) 静电屏蔽，屏蔽层单端接地。

(2) 电磁屏蔽，屏蔽层两端或多端接地，直至埋地。

(3) 辐射屏蔽，屏蔽层的接地与否不影响反射损耗与吸收损耗，故无须接地。

在控制工程中，将一根电缆的屏蔽层单端接地，实际上该屏蔽层同时起到了静电屏蔽和辐射屏蔽的效果。同样，将一根电缆的屏蔽层两端或多端接地，实际上该屏蔽层同时起到了电磁屏蔽和辐射屏蔽的效果。

关于控制电缆的屏蔽，国内工程界往往习惯做如下的选择：

(1) 用屏蔽双绞线做直流信号电缆。屏蔽层一端接地(一般在控制室端)以抑制电容性耦合和辐射耦合；用双绞线抑制电感性耦合。

(2) 使用无屏蔽层、平行芯线的普通控制电缆做低压交流电力线。

在对控制系统电缆的屏蔽做过大量的调查和研究后，对上述的两点选择可提出如下的补充和建议：

(1) 对低压交流电力线，为实现主动屏蔽同样也应该选择屏蔽双绞线。无疑，主动屏蔽比被动屏蔽更重要。在我们过去的工程设计中，往往注意被动屏蔽而忽视主动屏蔽，这种观念应予以纠正。

(2) 在雷击时，由于空间雷击电磁脉冲的强度特别大，仅依靠双绞线来屏蔽电磁耦合，其效果不甚理想。此时，电缆最好设置两个屏蔽层，内屏蔽层一端接地，外屏蔽层两端或多端接地，两屏蔽间加以绝缘，这样，就可以同时起到抑制上述三种电磁干扰的耦合作用。

为了实现电缆的双层屏蔽，如选用总屏加分屏的电缆，无疑会增加投资费用，所以一般可以利用已有的金属介质做外屏蔽层，如铠装电缆的金属保护层、金属走线槽、金属保护管、钢筋混凝土结构的电缆沟等。

将这些金属介质做外屏蔽层时，一要保证外屏蔽层的电气连续性，二要将屏蔽层的两端或每隔不大于 30 m 的距离设一个接地点，最好将外屏蔽层直接埋地敷设。如在控制室屋外入口处采用格栅形钢筋混凝土电缆沟(图 4－5)。钢筋格栅必须与建筑物的钢筋相连接。

曾有这样的一个雷击案例(图 4－6)。该企业的硫酸装置和离子膜装置共用一个控制室，两个装置采用同样机型的DCS，也采用同样型号的屏蔽双绞线。结果在同一次雷击时，硫酸装置的 DCS 安然无恙，而离子膜装置的 DCS 卡件损坏了许多。

究其原因，就是因为硫酸装置的全部电缆是穿金属管埋地进控制室的；而离子膜装置的全部电缆是采用环氧树脂桥架架空敷设的，环氧树脂桥架根本没有电磁屏蔽的作用。

图 4-5　互相连接的钢筋电缆沟

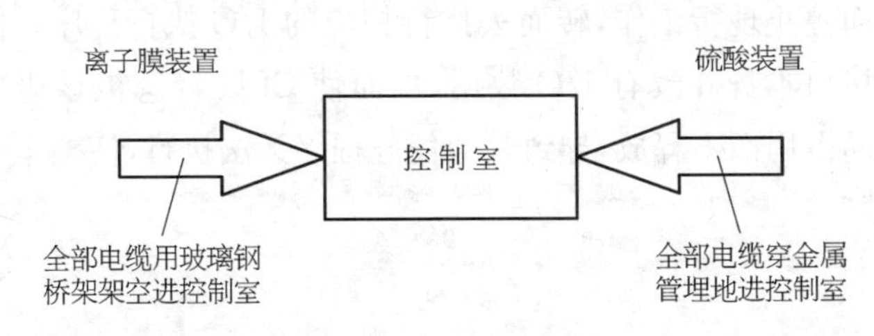

图 4-6　一个案例

对那些旧装置，当所设置的电缆只有一个屏蔽层时，该屏蔽层是一端接地好还是两端或多端接地好？

应该视工业现场的电磁环境而定，不强求统一。如果周围是以电场干扰为主的话，应将屏蔽层一端接地；如果是以磁场的干扰为主的话，应将屏蔽层两端或多端接地。特别是为了防雷，一定要将屏蔽层两端或多端接地，宁可顾此失彼，也要保证重点需要。

曾经有这么一个计算机站，原先的电缆屏蔽层均两端接地，使用情况很好；后来他们根据规范标准的规定，将屏蔽层改成一端接地，结果经常发生死机现象。无奈之下，再改回去，一切又恢复到正常。

还有一个实例,美国一家炼油厂,电缆的屏蔽层原先均为一端接地,后遭受了一次严重的雷击,损坏了 100 多台变送器。经过研究分析后,后来他们将电缆的屏蔽层改为两端接地,再也没有发生过类似的雷害事故。

如果屏蔽层两端接地,而且两接地点的地电位差很小,也能起到静电屏蔽和辐射屏蔽的效用,即可同时起到三种屏蔽的效果。

工业现场的计算机发生死机,其中的一个原因就是因为控制系统的 I/O 接口对外部的电磁干扰很敏感,干扰信号一旦破坏了某一接口的状态字,就会导致 CPU 误认为该接口有 I/O 请求而停止现行工作,转而去执行相应的 I/O 执行程序。但由于该接口本身并没有 I/O 数据,从而使 CPU 资源被该服务程序长期占用而不释放,导致其他任务程序无法执行,使整个系统“死锁”。

5

控制室的网格屏蔽

5.1 从一个引例看控制室的屏蔽

2004 年 7 月 10 日下午 4 点，某石化公司的苯酚装置遭雷击，使设置在控制室内的美国 MOORE 公司的 APACS 型 DCS 的控制器内，其 128 K 的 EPROM 内的源程序丢失，导致整个苯酚装置停车。

去现场进行调查分析后发现：该控制室是一间矮平房，十分简陋，而且两侧全都是大面积的塑钢窗户，控制室离雷击点的距离仅 15 m 左右，机柜离窗户的距离不到 1.8 m，这意味着遭雷击时，控制室内承受着和室外几乎一样的电磁场强度，在强磁场的作用下，导致 EPROM 内的源程序丢失。

工业现场的控制系统往往会受到诸如下列各种磁场的干扰：

(1) 工频磁场。它一般由周围的工频电流产生的，极少量的是由附近变压器的漏磁通所产生。

(2) 直流磁场。它一般由周围的直流电流产生的，如生产规模为 43 000 t/a 烧碱装置的离子膜电解槽，最大电流可达 11.25 万 A。

(3) 脉冲磁场。它是由雷击建筑物和其他金属构架(包括天线杆、引下线、接地体和接地网)以及在低压、中压和高压电力系统中因故障的起始状态产生的,也可以在高压变电所,因断路器切合高压母线和高压线路时产生。它的波前时间和半峰时间都是 μs 级的。

(4) 射频电磁场。对讲机、手机等各种发射机,以及周围的电焊机、晶闸管整流器、钠灯、荧光灯等都会产生这种电磁辐射,影响控制室内的控制系统的正常运行。它的频率范围一般是 150 kHz～1 000 MHz。

(5) 阻尼振荡磁场。如控制室附近有高压变电所的话,当隔离刀闸切合高压母线时,就会产生衰减的振荡磁场。其频率范围为 30 kHz～10 MHz。

上述几种磁场的影响以雷电电磁干扰产生的脉冲磁场的威胁为最大。近些年在现场的调查中发现,强大的雷击电磁脉冲,轻则会把微小的信号掩盖掉以致系统无法识别,也可以使 CRT 显示器的图像畸变抖动甚至发生黑屏;重则会造成控制系统的失效或损坏,迫使生产装置停车。因而控制室的屏蔽就显得十分重要。

控制室的屏蔽方式大体有建筑物的自身屏蔽、金属网格屏蔽以及用金属板材围成的壳体屏蔽等几种。壳体屏蔽的屏蔽效能好,但投资也大,适用于实验室装置。建筑物的自身结构有一定的屏蔽功能,但效果不甚理想。而网格屏蔽可以通过网格宽度的选择来满足控制系统的屏蔽要求,简单、实用。

金属网格的屏蔽原理可以理解为:如果雷电电磁脉冲产生的磁场为一次场,则一次场会使得金属屏蔽表面产生感应电流,继而产生的磁场为二次场。一次场和二次场叠加形成的合成场其磁场强度必小于一次场。

本章以抑制雷电电磁脉冲产生的脉冲磁场的屏蔽为例,讨论如何按实际情况进行设计计算。它适用于控制室(包括操作室、机柜室、计算机房等)、分析器室和变送器室的屏蔽设计。

整个设计计算可分下列两类命题：

(1) 已知屏蔽网格的大小，求磁场强度的衰减是否小于系统的脉冲磁场抗扰度的要求。

(2) 已知控制系统的脉冲磁场抗扰度，求屏蔽网格的宽度 W 等参数。

第一类命题称之为分析，第二类命题称之为设计。对控制室的网格屏蔽，许多国际与国内的标准给出的是第一类命题的计算方法。而这里以控制室为例，提出第二类命题的计算方法。

5.2 计算步骤

当网格空间的屏蔽是由金属支撑物、金属门窗框架和钢筋混凝土的配筋等自然构件组成时，本命题的计算步骤如下。

(1) 在闪电击于网格空间屏蔽以外的情况下，在无屏蔽时所产生的无衰减磁场强度 H_0(A/m)，即相当于处在室外的磁场强度，其计算如下：

根据电磁学中的安培环路定律，在磁场中，磁场强度 H 沿任一闭合回路 L 的线积分，等于所包围的电流强度 I 的代数和，其数学表达式为

$$\oint_L H \cdot \mathrm{d}l = \sum I_{\mathrm{i}} \tag{5-1}$$

设雷击点与屏蔽空间之间的平均距离为 S_{a}(单位：m)(图 5-1)，雷电流垂直于地面(即其产生的磁场为平面磁场)，其值为 i_0(单位：A)。按安培环路定律可得

$$2\pi S_{\mathrm{a}} H_0 = i_0 \tag{5-2}$$

从而可得

$$H_0 = i_0 / 2\pi S_{\mathrm{a}} \tag{5-3}$$

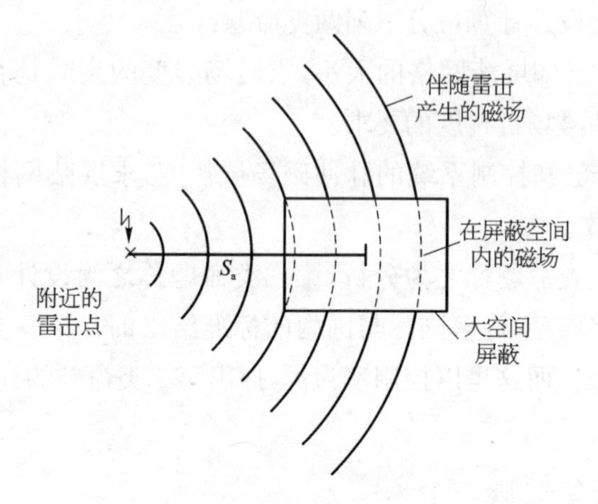

图 5-1　附近遭雷击时的环境情况

对控制系统之类的电子信息系统，雷电流 i_0 可以按雷电防护等级取值[见《建筑物防雷设计规范》(GB 50057—2010)]。表 5-1 列出了不同雷电防护等级所对应的最大雷电流的峰值。

表 5-1　不同雷电防护等级所对应的电流峰值

雷电防护等级	一　类	二　类	三　类
雷电流峰值(kA)	200	150	100

雷击点与屏蔽空间之间的平均距离 S_a 可以按下述三种情况取值：

① 如附近有突出的高层建筑物或最高设备，宜取最高建筑物或最高设备离需屏蔽的空间中心点的平面直线距离。

② 如有多个高层建筑物或最高设备，宜取离网格屏蔽空间中心点最近的高层建筑物或最高设备的平面直线距离。

③ 如附近没有突出的高层建筑物或较高的设备，宜按后面式(5-6)和式(5-7)，即闪电直击在屏蔽空间上的情况进行计算。

(2) 若已知控制系统的脉冲磁场抗扰度为 H_a。当有屏蔽时,在具有网格屏蔽的空间内,即控制室内的磁场强度应从 H_0 衰减为 H_a,按式(5-4)可计算出需要的屏蔽系数 SF(单位:dB):

$$SF = 20\lg(H_0/H_a) \tag{5-4}$$

(3) 按表5-2所列公式可求出屏蔽的网格宽度 W。一般情况下,首次雷击的强度最大,故宜按表中的25 kHz所列的公式进行计算。

(4) 表5-2的计算值仅对在控制室内距垂直屏蔽层有一安全距离 $d_{s/1}$(即控制系统的机柜离屏蔽层的最小安全距离)(单位:m)的安全空间 V_s 内才有效(图5-2),$d_{s/1}$ 应按式(5-5)计算:

$$\begin{aligned} &\text{当 } SF \geqslant 10 \text{ 时},\ d_{s/1} = W \cdot SF/10 \\ &\text{当 } SF < 10 \text{ 时},\ d_{s/1} = W \end{aligned} \tag{5-5}$$

式中 W——控制室屏蔽的网格宽度(m)。

按式(5-5)可计算出控制系统机柜离屏蔽层的最小安全距离 $d_{s/1}$。

表5-2 网格屏蔽的网格宽度

材料	宽度 W(m)	
	25 kHz(适用于首次雷击的磁场)	1 MHz(适用于后续雷击的磁场)
铜/铝	$10^{(0.93-SF/20)}$	$10^{(0.93-SF/20)}$
钢①	$10^{(0.93-SF\sqrt{1+18\times10^{-6}/r^2}/20)}$	$10^{(0.93-SF/20)}$

注:W——屏蔽的网格宽(m),适用于 $W \leqslant 5$ m;
r——屏蔽网格导体的半径(m)。
① 相对磁导系数 $\mu_r \approx 200$。

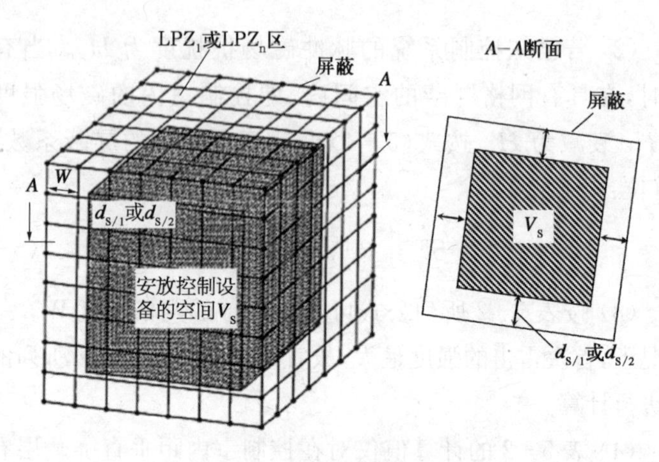

图 5-2 有效的屏蔽空间

(5) 当闪电直接击在需要屏蔽的建筑物上时，其内部 V_s 空间内某点的磁场强度应小于控制系统的脉冲磁场抗扰度 H_a，根据实验归纳，网格宽 W（单位：m）则可按式(5-6)计算：

$$W \leqslant H_a \cdot d_w \cdot \sqrt{d_r}/(k_H \cdot i_0) \tag{5-6}$$

式中 d_r——被考虑的点距屏蔽顶的最短距离(m)；

d_w——被考虑的点距屏蔽壁的最短距离(m)；

k_H——形状系数$(1/\sqrt{m})$，取 $k_H = 0.01(1/\sqrt{m})$［注：形状系数 k_H 的单位为$(1/\sqrt{m})$］。

式(5-6)的计算值仅对距屏蔽网格有一安全距离 $d_{s/2}$ 的空间 V_s 内有效，$d_{s/2}$（单位：m）应符合式(5-7)的要求：

$$d_{s/2} = W \tag{5-7}$$

控制设备应安装在 V_s 空间内。

5.3 脉冲磁场抗扰度 H_a 的取值

在进行网格空间的屏蔽计算时，控制系统的脉冲磁场抗扰

度 H_a 应按制造商提供的脉冲磁场抗扰度的试验等级取值。但是,目前许多制造商不提供这个数据。所以下面讨论在设计时如何取值。

许多资料认为,无屏蔽的计算机在雷电电磁脉冲的磁通量密度超过 7 μT(相当于自由空间的磁场强度为 5.6 A/m)时就会引起计算机误动作(失效),当超过 240 μT(190 A/m)时,就会造成晶体管、集成电路等的永久性损坏。这两个数据源自美国通用研究公司(General Research Corporation)R. D. 希尔建立的精确的类闪电(Like Lightning)模型,并于 1971 年用仿真实验确立。类闪电和自然界闪电并不严格等效,而且模型未考虑磁场随时间的变化率及脉冲磁场的形状,再则时间已过去 40 多年,计算机的抗干扰能力已有所提高,所以这两个数值只是作为一种参考,不能作为设计的依据。

《电子信息系统机房设计规范》(GB 50174—2008)第 5.2.3 规定:电子计算机房内磁场强度不应大于 800 A/m。该标准没有说明这个 800 A/m 是短时的还是长期存在的,是脉冲的还是工频的。

曾经还做过一个工频磁场的试验后发现:

(1) 磁通量密度大于 4 μT(3.2 A/m),CRT 图像抖动。

(2) 磁通量密度大于 19 μT(15 A/m),CRT 无法显示图像。

由此可见,H_a 不宜选用《电子信息系统机房设计规范》规定的数据。

IEC 标准和等同采用的国家标准《电磁兼容　试验和测量技术　脉冲磁场抗扰度试验》(GB/T 17626.9—2011)规定了电气和电子设备对由雷击产生的脉冲磁场的抗扰度的试验方法和推荐的试验等级范围。

该标准规定的脉冲磁场的试验等级和试验要求见表5-3。试验磁场的波形为 6.4/16 μs 的标准电流脉冲波形。磁场强度单位用 A/m 表示，1 A/m 相当于自由空间的磁通量密度为 1.26 μT。一般控制系统的脉冲磁场抗扰度应该达到 3 级标准。

表 5－3　脉冲磁场抗扰度试验要求

等　级	脉冲磁场强度的峰值(A/m)[磁通量密度(μT)]
1	
2	
3	100(126 μT)
4	300(378 μT)
5	1 000(1 260 μT)
X	特定

注："*X*"是一个开放等级，可在产品规范中给出。

考虑到控制室内的控制系统大多都安装在金属材质的机柜内，金属材质的机柜本身又是一道很好的屏蔽体，即机柜内部是控制室的后续防护区。所以在进行控制室的屏蔽设计时，如制造商没有提供数据，作为网格屏蔽的控制室(而不是控制系统本身)对脉冲磁场强度的要求，在一般情况下可按小于 300 A/m (378 μT)考虑，在要求高的地方可按小于 100 A/m(126 μT)考虑。

5.4　计算实例

5.4.1　例 1

已知某装置的控制室为单层的独立建筑物，离该装置最高的塔设备的距离为 30 m，控制系统的脉冲磁场抗扰度为 300 A/m，控制室屏蔽网格的材质为钢,形成网格屏蔽的钢筋的半径为5 mm,控制室所在建筑物的雷电防护等级为一类,即雷电流峰值为200 kA。求网格的最大宽度和控制室内DCS机柜距屏蔽壁的最近安全距离。

计算程序如下:

(1) 按式(5-3)计算在闪电击于最高设备时,当控制室无屏蔽时所产生的无衰减磁场强度 H_0(单位:A/m):

$$H_0 = i_0/2\pi S_a = 200\,000/(2 \times 3.14 \times 30) = 1\,062$$

(2) 按式(5-4)计算需要的屏蔽系数 SF(单位:dB):

$$SF = 20\lg(H_0/H_a) = 20\lg(1\,062/300) = 11$$

(3) 按表5-2所列公式计算出所需的网格宽度 W(单位:m):

$$W = 10^{(0.93 - SF\sqrt{1+18\times 10^{-6}/r^2}/20)}$$

$$= 10^{(0.93 - 11\sqrt{1+18\times 10^{-6}/0.005^2}/20)} = 1.60$$

(4) 按式(5-5)计算控制室内机柜距屏蔽壁的最近安全距离 $d_{s/1}$(单位:m):

$$d_{s/1} = W \cdot SF/10 = 1.62 \times 11/10 = 1.76$$

5.4.2 例2

已知某化工装置的控制室为单层的独立建筑物,离该装置最高的精馏塔的距离为30 m,控制室内DCS机柜距屏蔽壁的最近距离为2.5 m,DCS的脉冲磁场抗扰度为300 A/m,控制室屏蔽网格的材质为钢,屏蔽网格的最大宽度为2 m,屏蔽钢筋的半径为5 mm。控制室所在建筑物的雷电防护等级为三类,雷电流峰值为100 kA。求该网格屏蔽对磁场强度的衰减是否满足DCS的脉冲磁场抗扰度的要求。

计算程序如下：

(1) 按式(5-2)计算在闪电击于精馏塔时，当控制室无屏蔽时所产生的无衰减磁场强度 H_0(单位：A/m)：

$$H_0 = i_0/2\pi S_a = 100\,000/(2 \times 3.14 \times 30) = 530.8$$

(2) 按表5-2推算出在首次雷击时的屏蔽系数 SF(单位：dB)：

$$\begin{aligned} SF &= 20\lg[(8.5/W)/\sqrt{1+18\times 10^{-6}/R^2}] \\ &= 20\lg[(8.5/2)/\sqrt{1+18\times 10^{-6}/0.005^2}] \\ &= 14.9 \end{aligned}$$

(3) 按式(5-4)可推算出在网格屏蔽空间内的磁场从 H_0 减为 H_a(单位：A/m)：

$$\begin{aligned} H_a &= H_0/10^{SF/20} = 530.8/10^{14.9/20} \\ &= 94.4 < 300 \end{aligned}$$

(4) 按式(5-5)计算距屏蔽层的安全距离 $d_{s/1}$(单位：m)：

$$\begin{aligned} d_{s/1} &= W \cdot SF/10 = 2 \times 14.9/10 \\ &= 2.98 > 2.5 \end{aligned}$$

由上述计算可见，该控制室的网格屏蔽空间对磁场强度的衰减满足该DCS的脉冲磁场抗扰度的要求，控制室内DCS机柜距屏蔽壁的最近距离应大于2.98 m为宜。

5.5 关于屏蔽导体截面积的影响

屏蔽导体的截面对屏蔽效能的影响如图5-3所示。由图可知，屏蔽导体截面愈大，屏蔽效能愈好，但是影响不是十分明显。要提高屏蔽效能主要靠减小网格的宽度。

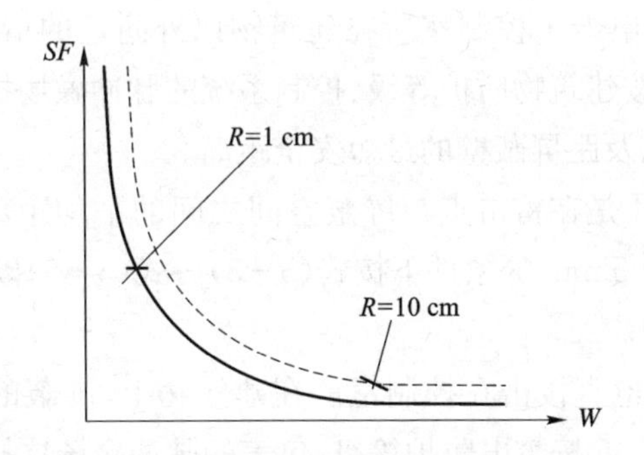

图 5-3 屏蔽导体的截面对屏蔽效能的影响

此外,屏蔽网格除了钢筋构件外,还包括屏蔽空间内的金属门框架和金属窗框架,在设计时应考虑它们中的最大网格能满足计算要求。如果这些金属框架是矩形网格,可按它的等效面积折算成网格宽度。

5.6 屏蔽网格尺寸的工程用查表

为了便于工程设计,按两种情况分别计算了表 5-4 和表 5-5 两种情况下的网格尺寸和距屏蔽壁最短安全距离。

表 5-4 闪电击于控制室建筑物以外附近的情况下网格尺寸和距屏蔽壁最短安全距离的选择

脉冲磁场抗扰度 H_a(A/m)	雷电防护等级 LPL	网格宽度 W(m)	距屏蔽壁的最短安全距离 $d_{s/1}$(m)
100	一类	≤0.38	≥0.78
	二类	≤0.55	≥1.00
	三类	≤0.94	≥1.36
300	一类	≤1.60	≥1.76
	二类	≤2.30	≥2.30
	三类	≤4.00	≥4.00

(1) 闪电击于控制室所在建筑物以外附近的情况下，可利用表 5-4 按建筑物防护等级、控制系统的脉冲磁场抗扰度选择网格宽度以及距屏蔽壁的最短安全距离。

表 5-4 是在雷击点与屏蔽空间之间的平均距离为 30 m、钢筋半径为 5 mm 的条件下按式(5-3)～式(5-5)以及表 5-2 计算出来的。

(2) 闪电直接击在控制室所在建筑物上，屏蔽的网格尺寸可利用表 5-5 按雷电防护等级、仪表的脉冲磁场抗扰度以及距屏蔽壁的最短安全距离进行选择。

表 5-5 是在下列条件下按式(5-6)计算出来的：闪电直接击在控制室所在建筑物上；被考虑的点距屏蔽顶的最短距离取 $d_R = 1.5$ m。

该表所表示的网格宽度一般要远小于闪电击在控制室建筑物之外，所以比较可靠安全。

表 5-5　闪电直接击在控制室建筑物上时屏蔽的网格尺寸选择

脉冲磁场抗扰度 H_a (A/m)	距屏蔽壁的最短距离 d_W (m)	网格宽度 W(m)		
		雷电防护等级 LPL		
		一　类	二　类	三　类
100	1.5	≤0.09	≤0.12	≤0.18
	2.0	≤0.12	≤0.16	≤0.24
	2.5	≤0.15	≤0.20	≤0.30
	≥3	≤0.18	≤0.24	≤0.36
300	1.5	≤0.27	≤0.36	≤0.54
	2.0	≤0.36	≤0.48	≤0.72
	2.5	≤0.45	≤0.60	≤0.90
	≥3	≤0.54	≤0.72	≤1.08

在工程设计中，按上述计算出来的网格尺寸后，可委托土建专业进行具体的工程设计。施工时还必须将屏蔽网格接地。

值得注意的是,作为控制室网格屏蔽的金属体不能作为防直击雷装置的部件,特别是引下线。如果控制室所在建筑物为钢筋混凝土结构或砖混结构,从控制室到室外有两道砖墙,可以不考虑设置网格屏蔽。窗户的等效网格应小于计算的屏蔽网格,而且窗户必须是钢结构的,应与屏蔽网格连为一体并接地。

6 接地系统的接地体

6.1 接地系统的基本概念

6.1.1 概述

从电气特性来看，自然界的土壤层有两大特性：

(1) 土壤的导电性。由式(6-1)可知，土壤电阻率 ρ(单位：$\Omega\cdot m$)取决于土壤中水的含量以及土壤中所含水的电阻率：

$$\rho=\left(\frac{1.5}{p}-0.5\right)\rho_v \qquad (6-1)$$

式中 p——土壤中的含水量(相对体积)(%)；

ρ_v——土壤中水的电阻率(表 6-1)($\Omega\cdot m$)。

表 6-1 各种水的电阻率

水的种类	电阻率($\Omega\cdot m$)
海　水	0.1～0.5
地下水	10～150
湖水、河水	190～400
雨　水	800～1 300
化学纯净水	250 000

由此可见,含水量为零的土壤干燥体是一个绝缘体。不同土壤种类的电阻率见表6-2。

表6-2 不同土壤种类电阻率的范围

土壤的种类	电阻率(Ω·m)
沼泽地及泥地	80~200
黏土质砂地	150~300
砂 地	250~500
砂岩及岩盘地带	10 000~100 000
混凝土(基础结构体)	38~80

(2) 具有无限大的容电量。故可以把土壤层理解为等电位点或等电位面,成为电路或系统信号的基准电位,即电位高低的参照系。

接地的作用有二:

(1) 保护人身和设备安全,总称为保护地,包括安全地、防雷地、本安地、防静电地等。

(2) 抑制干扰,即为信号电压或系统电压提供一个稳定的电位参考点,总称为工作地,如屏蔽地、模拟地、数字地等。

上述的各种接地名称,都是按接地的用途命名的。同一个接地体可以具有多种接地用途。

对如图6-1所示的接地系统可以将它分成两大部分:

(1) 接地体。它指地面下的金属接地体。

(2) 接地连接。它指地面上从需要接地的设备到接地体之间的金属连线。

通常所说的接地电阻指的是接地体部分。而连接电阻指的是接地连接部分,即从某个需要接地设备的接地端子到接地体之间的金属连线的总电阻。无论是接地体或是接地连接,除了对各自的电阻值有一定的要求外,更重要的是它们的结构形式。

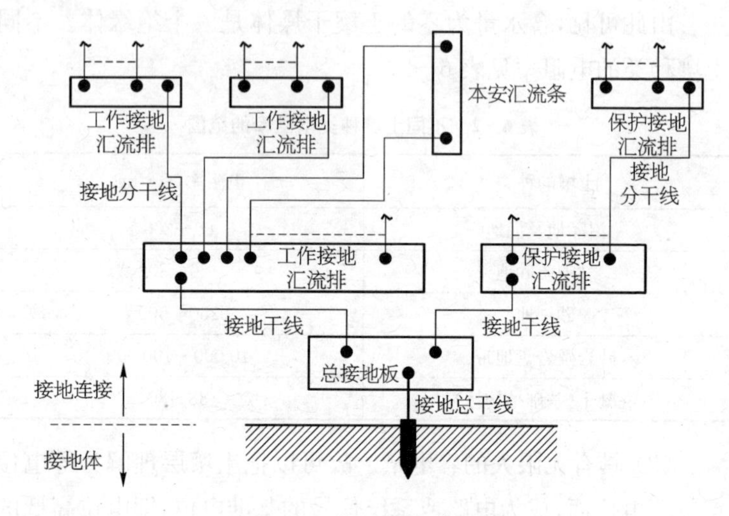

图 6-1 接地系统的组成

6.1.2 接地体的结构

从工业应用的角度看,常见接地体的结构形式有单独接地体以及共用接地网两大类。

(1) 单独接地体。这种结构方式是将需要接地的控制系统采用独立的接地体埋于大地内。

(2) 共用接地网。共用接地网是以等电位为主体思想的一种接地结构,它既拿大地作为电位的参照系,又通过共用接地网使各设备、系统的接地点的地电位十分相近,称之为"等电位连接"。当然,所谓的等电位不可能是电位的绝对相等,只是将地电位差减小到最小。一般可将建筑物基础内的钢筋、地下的金属设备、金属管道等自然接地体和人工接地体相连,形成一个闭合的地网供众多的设备接地用。

由于共用接地网的等电位效用,减小了各金属部件和各系统间的电位差,无论是从防雷的角度或者是从减小控制系统的共模干扰来看,都是十分有益的。

和单独接地体相比,由于采用共用接地网能实现等电位连接,所以是控制系统接地体的首选形式。后面的章节还会讨论到,除了通过地网实现等电位连接外,还可以在地面上将设备的非载流金属外壳用金属体互连以及使用浪涌保护器(SPD)去实现等电位连接。

6.1.3 控制系统设置保护地的原则

如图6-2所示的仪表,Z_1为表内电压最高点V与仪表机壳间的杂散阻抗,Z_2为仪表机壳与地之间的杂散阻抗,在机壳不接地时,则机壳电位为

$$V_j = V\frac{Z_2}{Z_1 + Z_2} \tag{6-2}$$

机壳对地有可能存在较高的电位,人有触电的危险。若机壳接地,因为$Z_2 \approx 0$,则$V_j \approx 0$,机壳电位近似为零,也就没有危险了。

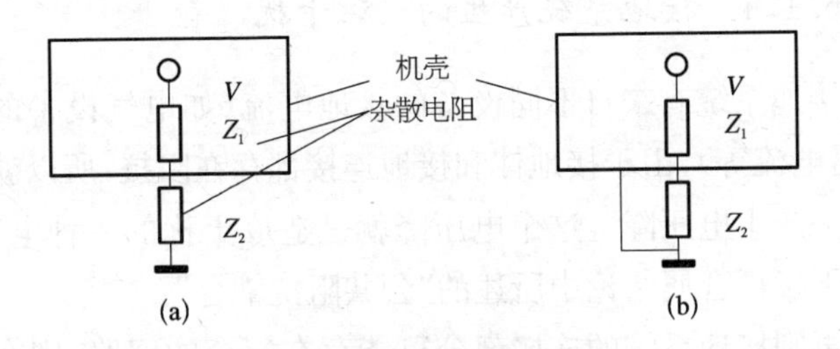

图6-2 仪表的保护地

(a) 机壳不接地;(b) 机壳接地

根据《测量、控制和实验用电气设备的安全要求 第1部分:通用要求》(GB 4793.1—2007)的规定,设备在正常条件下,在可触及零部件与地之间,任意两个可触及的零部件之间,如交流

电压的有效值有可能超过 33 V(或峰值超过 46.7 V),直流电压值有可能超过 70 V 时,都必须设置保护地。

《测量、控制和实验室用电气设备的安全要求 第1部分:通用要求》的规定和通常一些规范标准设置保护地的规定,有极大的不同之处:

(1) 该标准不似大部分标准按设备的工作电压的大小去考虑要否设置保护地,而是按"在可触及零部件与地之间,任意两个可触及的零部件之间"是否存在危险电压去考虑要否设置保护地。如工作电压为 32 V 的仪表,在可触及零部件与地之间,任意两个可触及的零部件之间,完全有可能产生高于 32 V 的危险电压。

(2) 考虑到交流电对人体的危害性比直流电更大,故该标准规定设置保护地的危险电压的阈值大小也不一样,交流电为 33 V,直流电为 70 V。

所以《测量、控制和实验室用电气设备的安全要求 第1部分:通用要求》的规定较其他标准更为合理。

6.1.4 接地系统产生的电磁干扰

接地系统有来自不同设备的接地电流(如电气设备的漏电流、雷电流等),由于接地体和接地连接都存在阻抗,所以就会在阻抗上产生电压降。这个电压降就是造成干扰的一种电动势,这种干扰耦合属绪论中所述的"公共阻抗耦合"。

再则接地系统的连接部分可能存在闭合的回路,则在外部交变磁场的作用下有可能通过"电感性耦合"产生感应干扰电流。

由此可见:

(1) 减小接地电阻和连接电阻的大小有利于控制系统对电磁干扰的抑制。

(2) 接地系统的连接应尽可能避免产生闭合回路,即便难以避免,也应尽量减小闭合回路的面积。

6.2 接地电阻

由于土壤是由不同的土壤颗粒和其间隙中存在的水和空气等组成,而且接地体的结构、形状和尺寸又不一,所以接地电阻看似简单,实际上有非常复杂的性质。

6.2.1 接地电阻的定义

在有一些书刊上认为接地电阻包括接地体本身的电阻、接地体与土壤间的接触电阻、接地体附近的土壤电阻、接地体至电气设备间连接导线的电阻四者之和,这种定义不甚严密。

权威著作《辞海》对接地电阻的定义是:“接地体对地电阻和接地引线电阻的和,数值上等于接地装置对地电压与通过接地体流入地中电流的比值。”这个定义似乎很严谨,但是该定义把接地引线电阻(即上述的“连接电阻”)包括在接地电阻内了。

接地电阻应该是相对于接地体而言,不包括连接电阻。本书对接地电阻采用的定义是(图 6-3):

假设在某一接地体上流入接地电流 I 后,若接地体的电位比周围大地高出 E 时,其电位上升值 E 与接地电流 I 之比 E/I 被定义为接地电阻。

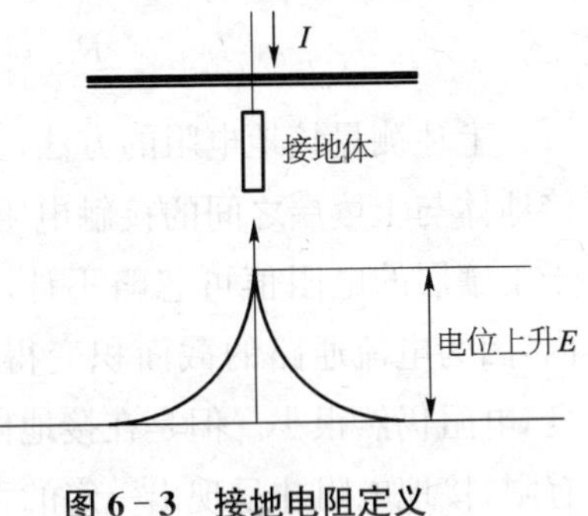

图 6-3 接地电阻定义

为了和通常测量接地电阻的方法结合起来,该

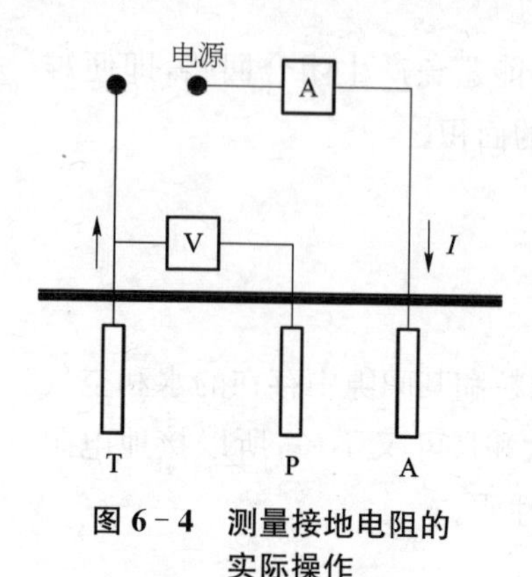

图 6-4　测量接地电阻的实际操作

T—被测接地体；P—电压极；A—电流极

定义必须要有两个附加条件(图 6-4)：

(1) 要使接地电流 I 流向接地体，必须要有一个闭合回路，即在测量接地电阻时必须要在土壤层内打入另一个辅助接地体 A(也称电流极)去测量电流 I。

(2) 测量接地体的电位上升值 E 必须要有一个基准电位。该基准电位理论上应在接地体的无限远点。所谓无限远点是指，即使接地体上有接地电流，该点的电位也不会发生变化。所以在测量接地电阻时，还必须要在土壤层中打入另一个接地体 P(也称电压极)，作为测量 E 的基准电位点。

测量接地电阻时，T、P、A 极可以成直线排列，也可以成等腰三角形排列。如果是直线排列，P 位于 A 与 T 之间，P、T 之间的距离为 A、T 之间距离的 0.618 倍；如果是等腰三角形排列，以接地体 T 为顶角的大小为 30°。

这样，用式(6-3)就可计算出接地电阻值：

$$R_a = V/I \tag{6-3}$$

上述测量接地电阻的方法，无疑将接地体本身的电阻以及接地体与土壤层之间的接触电阻包括在内，该两项电阻值相对于土壤层的电阻值可忽略不计。在离接地体相当远的土壤层内，因为电流通路的截面积变得非常大，即便土壤的导电性不良，电阻仍然很小。但是在接地体附近，因为电流通路的截面积有限，接地电阻才呈现出一定的大小值。所以，接地电阻的大小主要取决于接地体附近的接地电阻值,并和接地体的形状大小有关(图 6-5)。一般认为,90%以上的电阻集中在接地体周围20 m 左右的土壤中,70%左右的电阻又集中在接地体周围 2 m 左右的土壤中。虽然式(6-3)具有欧姆定理的形式,接地电阻的单位为 Ω,但它只是一个工程概念。

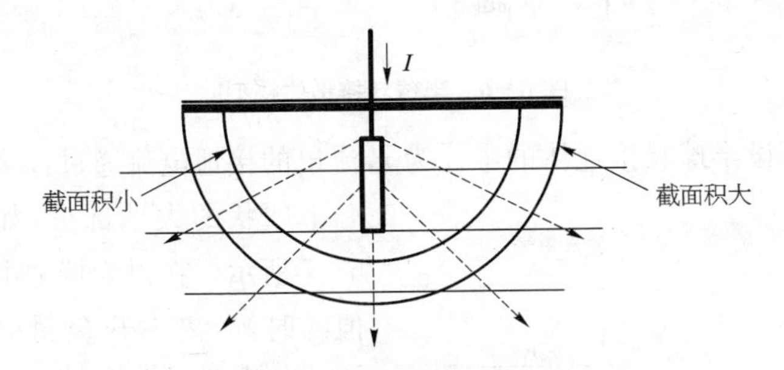

图 6-5 电流通路的截面积

为此,可以认为接地电阻的大小主要取决于两个因素:

(1) 接地体附近土壤的电阻率。

(2) 接地体的形状,它影响到土壤中电流流通截面积的大小。即:

$$R = \rho \cdot f \tag{6-4}$$

式中 ρ——土壤电阻率(Ω·m);

f——由接地体形状和尺寸决定的一个函数(1/m)。

6.2.2 接地电阻的计算值

为设计接地系统,必须要知道如何计算接地电阻值。

为了便于理论上的处理,现以半球状接地体为例进行讨论。图 6-6 表示半球状接地体的接地模型。假设辅助电极位于相对接地体的无限远点,接地电流从接地体表面向周围大地呈放射形流出。如果辅助电极很近,电流的分布就不是放射状的了。

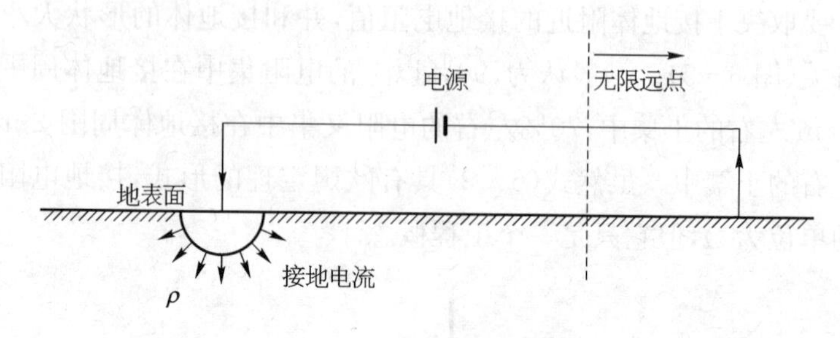

图 6-6 半球状接地体模型

设半球状接地体的半径为 r,流出的接地电流通过许多同心半球状的大地部分,如图 6-7 所示。在讨论接地电阻值的时候,离不开金属电阻体的基本公式 $R=\rho \cdot L/S$。其中,ρ 为电阻率,L 为长度,S 为电流的流通截面积。设图中画有斜线的部分与接地体中心距离是 x,厚度为 $\mathrm{d}x$ 部分的电阻值的微分为 $\mathrm{d}R$,则有

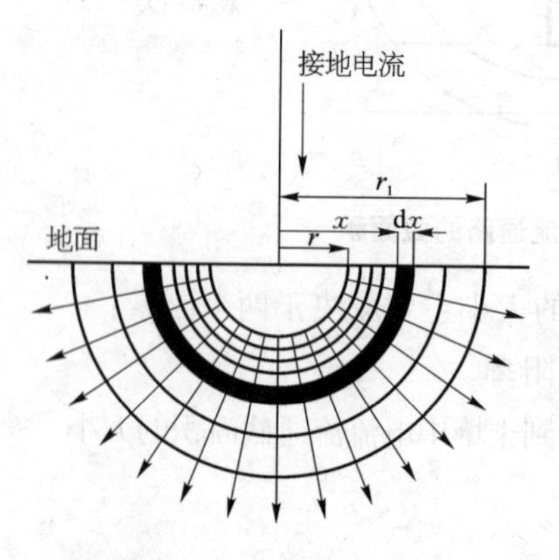

图 6-7 半球状接地体

$$\mathrm{d}R=\rho\frac{\mathrm{d}x}{2\pi x^2} \tag{6-5}$$

将式(6-5)从接地体的表面 r 积分到 r_1 就可以求出总的接地电阻值:

$$R=\int_r^{r_1}\mathrm{d}R=\frac{\rho}{2\pi}\left(\frac{1}{r}-\frac{1}{r_1}\right) \tag{6-6}$$

因接地电阻是从接地体到无限远处的全部电阻,如果 r_1 为无限大,则 $1/r_1$ 等于零,则式(6-6)为

$$R=\frac{\rho}{2\pi r} \tag{6-7}$$

现在,用以下两个观点来说明该理论式。首先是关于电流通路的截面积,从图 6-7 可以看出随着接地体半径的增大,其接地电阻按 $1/r$ 成比例减小。即因截面积 $2\pi r^2$ 变大而使接地电阻收敛。

再看接地电阻的表达式(6-4)。分解半球状接地体的接地电阻计算式(6-7),可得

$$R=\rho\times\frac{1}{2\pi r} \tag{6-8}$$

函数 f 的部分就是 $1/2\pi r$,其量纲为 $1/L$。

6.2.3 不同接地体的接地电阻的理论计算式

下面列出一些不同接地体其接地电阻的理论计算式。

(1) 垂直棒接地体的接地电阻(图 6-8)。

$$R=\frac{\rho}{2\pi l}\ln\frac{2l}{r} \tag{6-9}$$

或者

$$R=\frac{\rho}{2\pi l}\left[\ln\frac{l}{r}+\frac{1}{2}\ln\frac{\left(\frac{3}{2}l+2t\right)}{\left(\frac{l}{2}+2t\right)}\right] \tag{6-10}$$

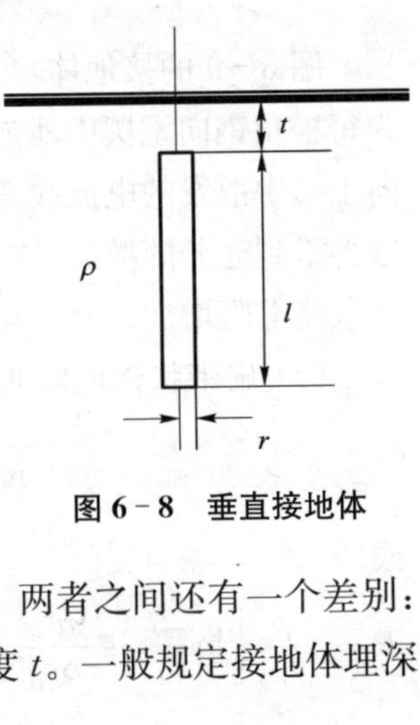

t
ρ
l
r

图 6-8 垂直接地体

式(6-10)较式(6-9)更精确些。两者之间还有一个差别:式(6-10)考虑了接地体离地面的深度 t。一般规定接地体埋深不小于 0.6 m,其原因是:

① 地表下从 0.15 m 到 0.5 m 处土壤处于干湿交界的地方，含水量变化大，电阻率变化也大，所以接地电阻值不稳定。

② 该区域土壤的含水量大，接地体易腐蚀。

③ 冬天，冻土层的电阻率大，接地电阻值也随之增大。

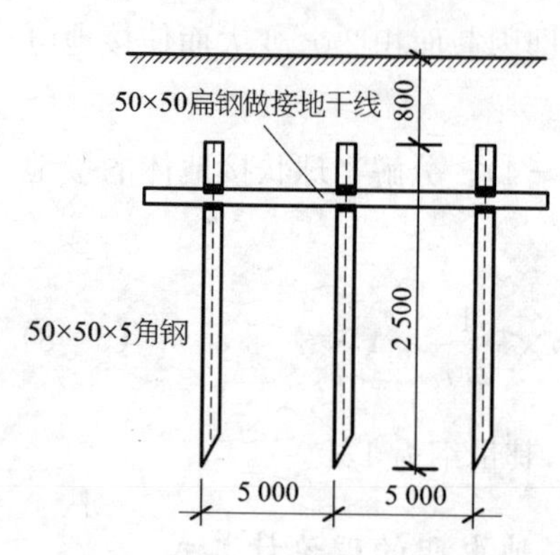

图 6-9　由角铁组成的接地体

如图 6-9 所示的接地体是国内最常见的一种接地体。该接地体的接地电阻值是上述单根垂直棒接地体的接地电阻的 1/3。如用 n 根接地体并联，接地电阻为单根垂直棒接地体的 $1/n$。图 6-8用的是圆钢，而图 6-9 用的是角钢，设角钢的宽为 S，故在计算时其等效半径可取

$$r=\frac{S(2+\sqrt{2})}{2\pi}=0.54S \tag{6-11}$$

图 6-9 的接地体，角钢间的距离是其长度的 2 倍。这是因为每根角钢向土壤中泄放相同极性的电流，所以相邻两角钢间向土壤中散发的电流线总是相互排斥的，使相邻两角钢间的土壤得不到充分的散流，这相当于减小了电流的流通截面积，从而使散流电阻增加。所以角钢的间距不宜小于其长度的 2 倍。

(2) 扁带状接地体的接地电阻(图 6-10)。

$$R=\frac{\rho}{2\pi l}\ln\frac{4l}{a} \tag{6-12}$$

或

$$R=\frac{\rho}{2\pi l}\left[\ln\frac{2l}{a}+\frac{a^2-\pi ab}{2(a+b)^2}+\ln\frac{l}{t}-1+\frac{2t}{l}-\frac{t^2}{l^2}+\frac{t^4}{2l^4}\right] \tag{6-13}$$

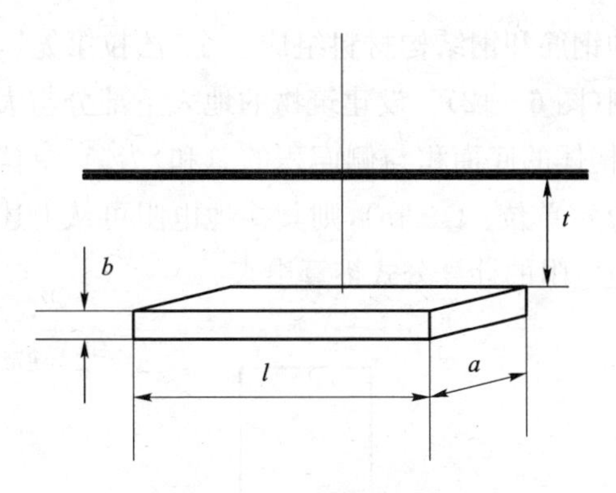

图 6-10　扁带状接地体

(3) 板状接地体的接地电阻(图 6-11)。

$$R=\frac{\rho}{4}\sqrt{\frac{\pi}{ab}} \quad (6-14)$$

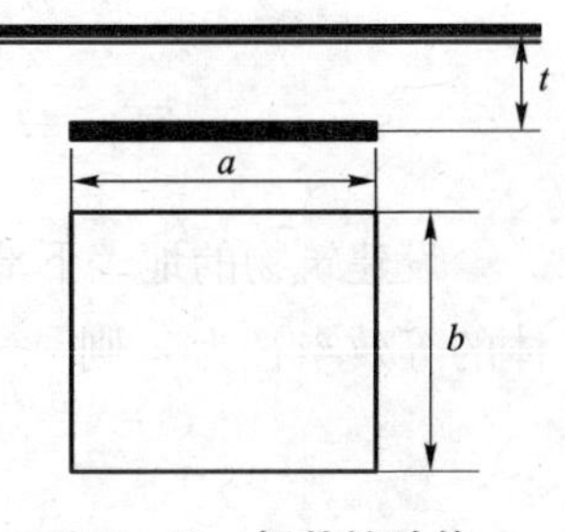

图 6-11　板状接地体

(4) 共用接地网的接地电阻 R(单位：Ω)的简易计算。

$$R=\frac{0.5\rho}{\sqrt{S}} \quad (6-15)$$

式中　S——地网总面积(m^2)。

式(6-15)是将圆盘形接地体按前述的解析法推导出来的，并根据工程数据进行圆整后所得。关于这个简单的计算公式，有过一段国际趣闻，同样的一个大型的地网，美、日学者用计算机编制程序进行计算，中国学者用该公式人工手算，结果三人的计算结果只差百分之几。因为无论多么密的水平接地体和垂直接地体，宏观地看都是二维地网，地网的接地电阻主要取决于土壤的电阻率和地网的面积大小。

(5) 建筑结构体的接地电阻。

对钢筋混凝土结构以及钢结构的建筑结构体，往往是将整个建筑物的钢筋和钢结构材料组成一个“法拉第笼”，形成一个共用接地网(图 6－12)。设建筑物的地表下部分与大地接触面积(包括结构体的底面积与侧面积的总和)为 A(单位：m^2)，土壤电阻率为 ρ(单位：$\Omega \cdot m$)，则其接地电阻可从上述的半球状接地体接地电阻的计算公式推算出来。

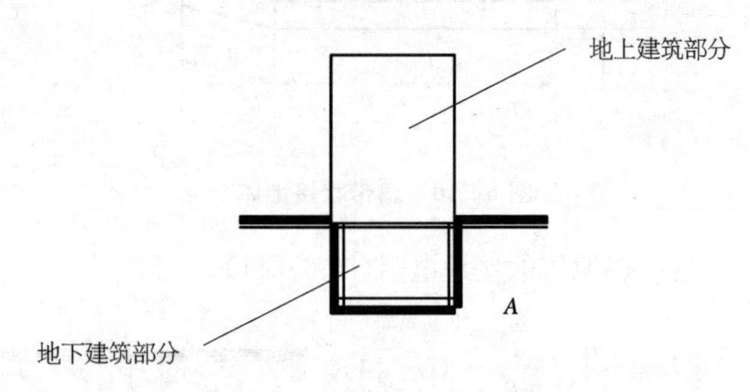

图 6－12　建筑结构体的接地电阻

设建筑物的地表下部分与大地接触面积相对于半球状接地体的等效半径为 r，则

$$A = 2\pi r^2$$

得

$$r = \sqrt{A/2\pi}$$

代入式(6－7)，得

$$R = \frac{\rho}{2\pi r}$$

从而得

$$R = \frac{0.4\rho}{\sqrt{A}} \tag{6-16}$$

由此可知，建筑物的地表下部分与大地接触面积 A 愈大，接地电阻就愈小。

6.2.4 降阻剂

使用降阻剂以降低单独接地体的接地电阻是目前国内外倍受关注的一种方法。降阻剂是由几种物质配制而成，它含有适量的电解质或非电解质导电粉末等原料，其电阻率约为 $10^{-1}\ \Omega\cdot\mathrm{m}$ 数量级。将降阻剂浇灌或埋设在单独接地体周围，可以显著地降低接地体的接地电阻。

现以半球状的接地体为例来说明降阻剂的作用(图 6-13)。

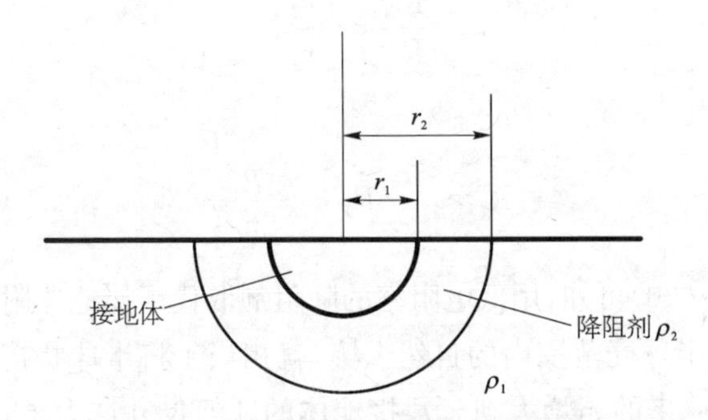

图 6-13 降阻剂对单独接地体的作用

设自然土壤的电阻率为 ρ_1，降阻剂的电阻率为 ρ_2。由式(6-6)可知，在没有降阻剂的情况下，半球状接地体的接地电阻为

$$R_1=\int_{r_1}^{\infty}\frac{\rho_1}{2\pi x^2}\mathrm{d}x=\frac{\rho_1}{2\pi r_1} \tag{6-17}$$

在半球状接地体周围埋了降阻剂后，其接地电阻可看成从半球表面 r_1 到降阻剂边界 r_2 的电阻以及从 r_2 到无穷远处的电阻的串联，即

$$R_2 = \int_{r_1}^{r_2} \frac{\rho_2}{2\pi x^2} \mathrm{d}x + \int_{r_2}^{\infty} \frac{\rho_1}{2\pi x^2} \mathrm{d}x = \frac{\rho_1 r_2 + (\rho_2 - \rho_1) r_1}{2\pi r_1 r_2} \tag{6-18}$$

从而可得在埋设降阻剂前后接地电阻之比为

$$\frac{R_2}{R_1} = \frac{r_1}{r_2} + \frac{\rho_2}{\rho_1}\left(1 - \frac{r_1}{r_2}\right) \tag{6-19}$$

由于降阻剂的电阻率远小于自然土壤的电阻率，即 $\rho_2 < \rho_1$，式(6-19)可简化为

$$\frac{R_2}{R_1} \approx \frac{r_1}{r_2}$$

或

$$R_2 \approx \frac{r_1}{r_2} R_1 = \frac{\rho_1}{2\pi r_2} \tag{6-20}$$

由式(6-20)可知，用低电阻率的降阻剂取代了接地体附近半径为 r_2 的半球壳范围内的自然土壤，就相当于将半球状接地体的半径由原来的 r_1 增大到 r_2。接地体的几何尺寸增大了，其作用就相当于增加了接地体的有效散流电流截面，所以降低了接地电阻。

对于大的共用接地网，由于不可能使用降阻剂去改变整个地网内的土壤电阻率，所以降阻剂的用处不大。

降阻剂的主要技术指标为：

(1) 电阻率。一般应小于 5 Ω·m。

(2) 稳定性。随季节的变化，降阻剂的降阻效果会发生变化，特别是对于某些含大量无机盐电解质的化学降阻剂，在含水量较高的土壤中会很快发生电离，电离出的离子能随水分在土壤中扩散与渗透，这能在短时间内产生显著的降阻效果，然而因

为快速在土壤中扩散与渗透，使得降阻效果不能长期地保持稳定，所以降阻剂应有足够长的使用寿命。

(3) 腐蚀性。由于在降阻剂中往往有无机盐类电解质配料，这会大大增加对接地体的腐蚀作用，使用时，在其内加入一些缓腐配料，以促进接地体表面的钝化，但这又会加大接地电阻。为此，多数降阻剂是在兼顾这两个要求的前提下采取折中的配方。

(4) 环保性。降阻剂不应当对其周围的土壤和地下水造成污染，不应当对人畜产生有害的影响，降阻剂中含有的污染性物质的含量应低于国家标准的规定值。

常用的降阻剂有如下几种：

(1) 化学降阻剂。主体为可导电的金属无机盐类电解质。

(2) 膨润土降阻剂。以膨润土粉为基料，含有可观的钾、钙、镁等金属氧化物，其吸水性和保水性较强，有较好的防护性和长效性。

(3) 导电水泥。是在水泥中加入一定比例的无机盐或非电解质的导电物质粉末，其作用是增大接地体的有效截面积和减小接地体在散流时的接触电阻，一般不能减小接地体周围土壤的电阻率。这种降阻剂不易随水流失而失效，长效性好，降阻性能稳定，对接地体的腐蚀也小。

6.2.5 离子接地体

目前有一种新型的离子接地体——IEA 电解离子接地体，它的结构部分采用防护性很好的金属，内部填充由电解物及其载体组分组成的内填料，外部包裹导电性能良好的不定性导电复合材料(即外填料)。

图 6-14 是电解离子接地体的示意图。该接地体是由先进的陶瓷复合材料、合金电极、中性的离子化合物组成。其内部采用特制的电解离子化合物，通过接地体顶部的呼吸孔吸收空气

和土壤中的水分，使化合物潮解形成电解液，通过陶瓷复合材料上的微小细孔渗透到周围土壤中去，降低土壤的电阻率，从而降低接地电阻。该合金电极的连接采用火泥熔接技术，以确保连接的可靠性。这种接地体的接地电阻可以做到在 1 Ω 以下，使用寿命大于 25 年(一般热镀锌钢仅 10 年左右)。

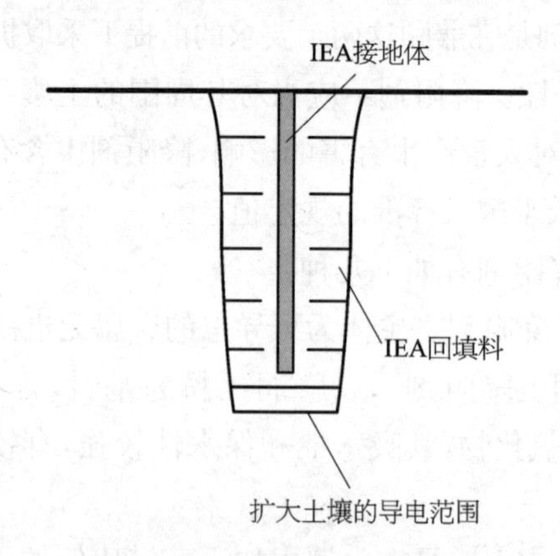

图 6－14　电解离子接地系统

电解离子接地体的接地电阻之所以可以做得很小，其原理同样也是扩大了接地体的有效散流截面，其效果更优于降阻剂，从而降低了接地电阻值。

6.3　独立接地和共用接地网的比较

控制系统应该采用独立接地体还是采用共用接地网实现等电位连接，这个问题的争论由来已久。从几年前国内工程界的行业标准看，采用共用接地系统已达成共识。然而，还有不少控制系统的制造商(包括国外著名的控制系统制造商)，至今还在要求用户按独立接地进行设计施工。孰是孰非似乎还没有统一。本节对有关独立接地与共用接地网的特点以及对它们的评价做一讨论。

6.3.1　接地方式的形态

如果有几个并存的系统或设备需要接地时，接地的方式可以有如图 6－15 所示的四种形态：

(1) 各个设备独立接地。

(2) 将各独立接地的接地连接部分实现等电位连接。

(3) 几个设备联合接地。

(4) 将各个设备接到共用接地网上。

其中，图 6－15a 可谓独立接地，图 6－15b、c、d 均谓共用接地。

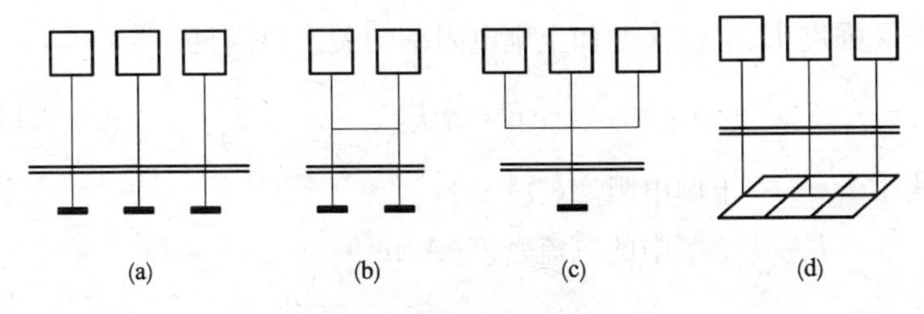

图 6－15　接地方式的形态

6.3.2　独立接地

真正理想的独立接地应该如图 6－16 所示的那样，如果有两个接地体，其中一个接地体中不论流过怎样的接地电流，对另一个接地体不应该有发生电位上升的情况。从理论上讲，如果两个接地体之间的距离不是无限远的话，它们彼此间不能说是完全独立的。

当然，在工程中只要把电位上升限制在一定范围内，就可以近似地看成是相互独立的。此时的接地体其间距将由哪些因素决定呢？

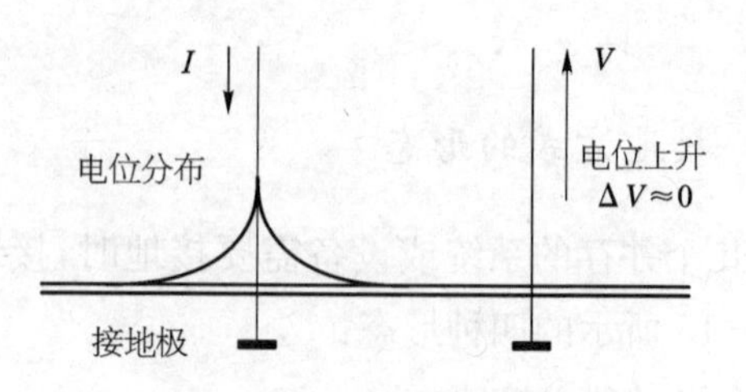

图 6-16　理想的独立接地

现仍以半球状接地体为例，讨论因工频接地电流 I 产生的电位上升(ΔV)与间隔距离 S 的关系(图 6-17)。因为土壤有一定的电阻率，在散流过程中，电流将在土壤中建立起恒定电场。由图可知，土壤中的电流密度在接地体处很大，随着离开接地体距离的增加，电流密度逐渐减小。根据恒定电场理论，土壤中的电场强度 E、电流密度和土壤电阻率的关系应满足

$$E = \rho J \tag{6-21}$$

式中　ρ——土壤电阻率(Ω·m)；

J——土壤中的电流密度(A/m²)。

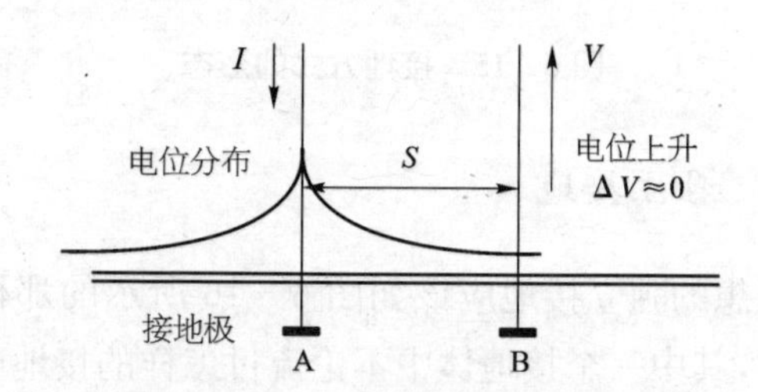

图 6-17　独立接地极之间的干扰

接地体处的电位应为

$$U = \int_r^{\infty} E \mathrm{d}x \tag{6-22}$$

式中　r——半球状接地体的半径(m)。

所以离接地体距离为 s 处(对半球状电极，$s \geqslant r$) 的电位得

$$U = \int_{s}^{\infty} E \mathrm{d}x = \int_{s}^{\infty} \rho J \mathrm{d}x = \int_{s}^{\infty} \frac{\rho I}{2\pi x^2} \mathrm{d}x = \frac{\rho I}{2\pi} \int_{s}^{\infty} \frac{1}{x^2} \mathrm{d}x = \frac{\rho I}{2\pi S} \tag{6-23}$$

式中 I——接地电流(A)。

由式(6-23)可知，只有当 s 为无穷远时，电位才为零。令 $\Delta V = U$ 代入式(6-23)，可得

$$S = \frac{\rho I}{2\pi \Delta V} \tag{6-24}$$

由式(6-24)可知，所谓相互独立接地体其间距将由下述三个因素决定：

(1) 流入接地极的电流波形和其最大值 I。

(2) 电位上升的容许值 ΔV。

(3) 接地点土壤的电阻率 ρ。

由式(6-24)可计算出因接地电流 I 产生的电位上升 ΔV 与间隔距离 S 的关系。

对应于图 6-17，设土壤电阻率为 $\rho = 100\ \Omega \cdot \mathrm{m}$，表 6-3 为不同大小的接地电流流入 A 接地体时，B 接地体发生电位上升到容许值 ΔV 的间隔距离。

表 6-3 独立接地的间隔距离 (m)

接地电流 I (A)	电位上升的容许值 ΔV		
	2 V	4 V	10 V
1	8	4	1.6
5	40	20	8
10	80	40	16
50	400	200	80

如果土壤的电阻率很高，即使接地电流很小，间隔距离也会很大。由表6－3所知，在实施独立接地时，接地体之间必须要有很大的间距。如有许多单个接地体时，要找到足够的间距，这在工业现场是很困难的。即所谓“干净”“不受其他接地体影响”的接地体实际上是不存在的。

6.3.3　共用接地网

相对于独立接地，共用接地网有如下的优点：

（1）因为它是利用地下现有的诸如金属管道和建筑物的基础钢筋等做接地体，所以节省材料和施工费用，简单，维修也容易。

（2）共用接地网将各个接地体并联连接，此时的接地电阻值要比独立接地时小得多。

（3）即使有一个接地体失效，其他电体也能补充，提高了接地的可靠性。

（4）采用共用接地网的最大优点是在满足接地要求的同时，通过地网还实现了等电位连接，包括建筑物各处的等电位，设备的非载流外露金属体之间的等电位，同时也减小了控制系统由于地电位差引起的共模干扰。

但共用接地网也存在着一个问题，那就是电位上升而波及的影响。

在采用共用接地网的场合，如果在接地设备中有一个设备产生接地电流，就会流入大地。这时因各个接地体总存在着接地电阻，就会使接地点的电位上升。如果是理想的独立接地，由接地体引起的电位上升仅限于本身而不涉及其他。而如图6－18所示共用接地，由接地电流引起的电位上升会涉及共用接地的全部设备。所以在采用共用接地网的时候，对于因共用接地网而连接的全部设备必须要考虑发生的接地电流的性质以及电位上升给系统带来的影响。

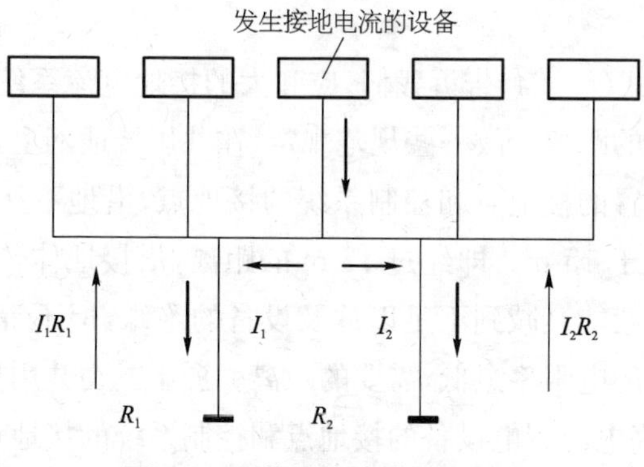

图 6-18　共用接地的电位上升

R_1、R_2—电极的接地电阻；I_1R_1、I_2R_2—电位上升

接地电流的性质包括接地电流的大小和波形、持续时间的长短以及发生的概率。例如，由直击雷在外部防雷装置的接地系统上可以产生的电流高达 100 kA，频率高至 1 MHz，但持续时间很短（μs 级）。又如在设备电路和大地之间有大电容滤波器时，会有相当大的位移电流流向大地。再如大电流高电压的工频用电设备，会有漏电流长时间地流向大地等。

下面就此提出几个解决共用接地网电位上升的方法。

(1) 降低共用接地网的接地电阻。如果共用接地系统的接地电阻很低，那么电位上升波及的危险不会有太大的问题。由接地网的接地电阻的计算公式可知：

$$R=\frac{0.5\rho}{\sqrt{S}} \tag{6-25}$$

要降低共用接地系统的接地电阻，只能依靠增加地网的总面积 S。如果要把某共用接地网的接地电阻减小到原来的 1/2，则要将接地网面积增加到原来的 4 倍，这对旧装置几乎是难以实现的。然而对新装置而言，应尽量把接地网的面积做大。过去是一个装置设置一个地网，而现在往往是整个工厂就设一个大地网。

(2) 式(6－24)告诉我们,应和大的接地电流系统的接地点保持一定的距离。故一些规范规定,在共用接地网上,建筑物外部防雷装置的接地点和控制系统的接地点,沿地下接地体的长度必须大于 15 m。即经过 15 m 的距离,沿接地体传播的雷电过电压一般能衰减到不足以危及设备的绝缘,但不等于没有骚扰。土壤的电阻率愈低,需要的距离就愈小。在共用接地网上,大电流、高电压用电设备的接地点和控制系统的接地点之间,沿地下接地体的长度必须大于 5 m。

(3) 保证整个控制系统的所有接地点都在同一个共用接地网上,否则应采取隔离措施。如图 6－19 所示,当建筑物 1 遭雷击时,由于强大的雷电流通过建筑物 1 的接地体,可使建筑物 1 内的设备 1 的地电位大幅度上升。如建筑物 2 内的设备 2 系独立接地且离开建筑物 1 又有相当距离的话,可近似认为设备 2 的地电位仍为零。由于设备 2 和设备 1 之间有信号线相连,强大的地电位差可达几万、几十万伏,于是在设备 2 和设备 1 之间便产生"反击",形成干扰电流使设备 1、设备 2 同时损坏或损坏其中一个。

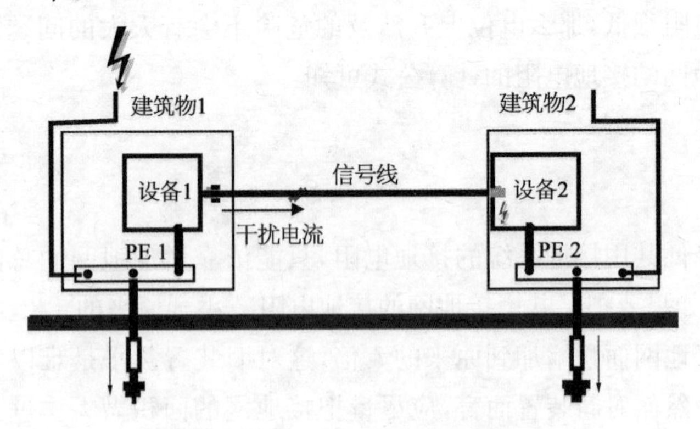

图 6－19　雷电反击的原理图

在石油化工企业里，有许多金属塔器是直接利用其金属壁做引下线的，而金属塔器上又有许多测量元件和变送器，高的金属塔器一旦遭到雷击，由于强大的雷电流通过金属塔器的接地装置，使位于金属塔上的测量元件和变送器的电位随整个塔而上升。如此时控制系统是独立接地的话，控制系统和测量元件、变送器之间便会产生反击，将测量元件和变送器、控制系统损坏。如何防止产生反击，在后面的章节里将详细讨论。

6.4　工频接地电阻和冲击接地电阻

由于流入地中的电流错综复杂，有直流电流、工频电流、高频电流以及雷击时的脉冲电流等。流过电流的频率不一，似同交流阻抗那样，接地系统所呈现的阻抗大小也不一样，将此称为接地电阻的频率特性。

通常都是用工频接地电阻仪来测量接地电阻的。然而在雷击时，因为流入的是脉冲电流，故呈现出来的接地电阻被称作冲击接地电阻值。接地系统的工频接地电阻值和冲击接地电阻值之间的换算关系为

$$R_a = AR_i \tag{6-26}$$

式中　R_a——工频接地电阻值(Ω)；

A——换算系数；

R_i——冲击接地电阻值(Ω)。

下面讨论如何求取换算系数 A。

对如图 6-20 所示的接地体，以引至接地连接的 A 点作为接地体支线的起始点（即接地电流的流入点），该接地体共有 AB、AC、AD 和 AE 四条支线，其中最长支线为 AE，其长度被称为接地体的最长支线的长度 l。

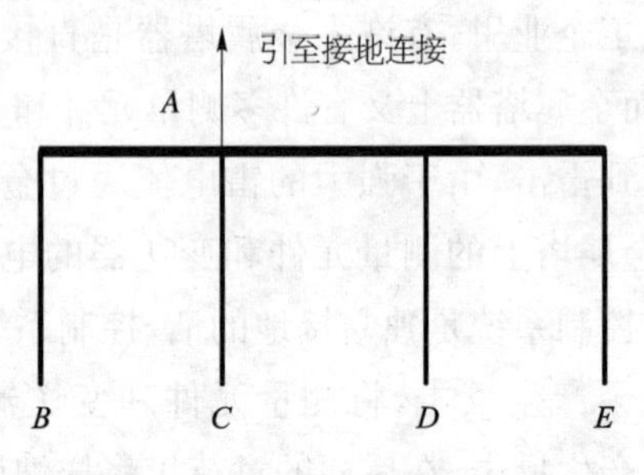

图 6－20 接地体的最长支线

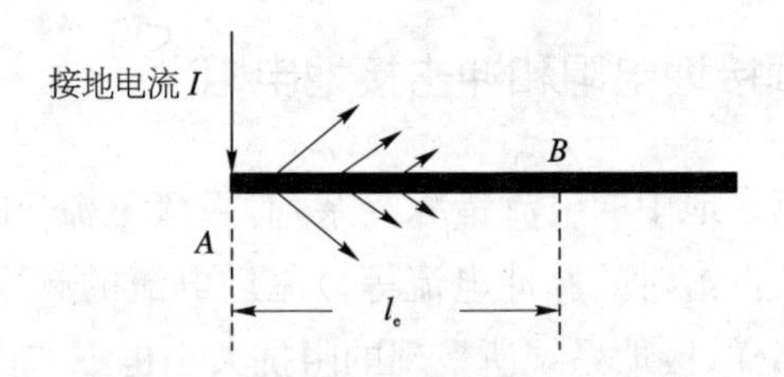

图 6－21 接地体的有效长度 l_e

对如图 6－21 所示的水平接地体，当有雷电流 I 流入接地体时，雷电流 I 一方面沿着接地体向前方流动，另一方面也在向土壤中散流，这就意味着沿接地体向前方流动的电流愈来愈小，直至为零。如电流为零的那一点为 B，则 AB 线的长度即为接地体的有效长度 l_e。前人根据试验认为，接地体的有效长度 l_e 可按式(6－27)确定：

$$l_e = 2\sqrt{\rho} \tag{6-27}$$

式中 ρ——敷设接地体处的土壤电阻率(Ω·m)。

根据 l/l_e 比值的大小，按图 6－22 就可查得换算系数 A，一般 A 的取值范围是 $1 < A < 3$，由式(6－26)可知，同一个接地装置，其工频接地电阻值要大于其冲击接地电阻值；所以测出的工频接地电阻值是合格的话，冲击接地电阻值也一定满足要求。

对共用接地网，其最长支线的长度可取地网周长的一半。

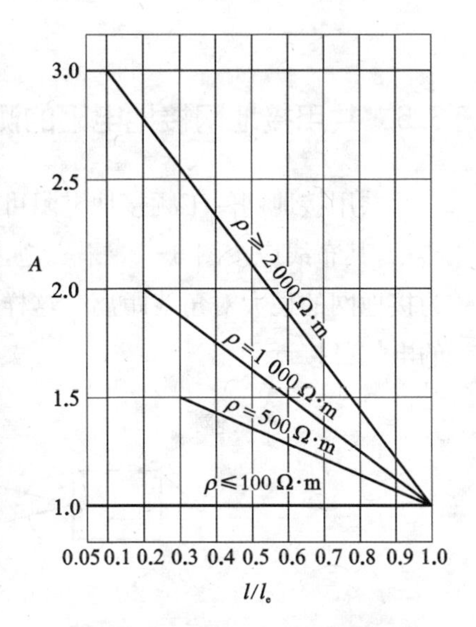

图 6-22 工频接地电阻值和冲击接地电阻值的换算

当共用接地网周长的一半大于或等于接地体的有效长度 l_e 时，由图 6-22 可知，换算系数 $A=1$，即接地网的冲击接地电阻值等于其工频接地电阻值。当接地网的接地体的周长的一半 l 小于接地体有效长度 l_e 时，根据实际的 l/l_e 按图 6-22 求出 A 值，而后将接地网的工频接地电阻值除以 A，算出冲击接地电阻值。

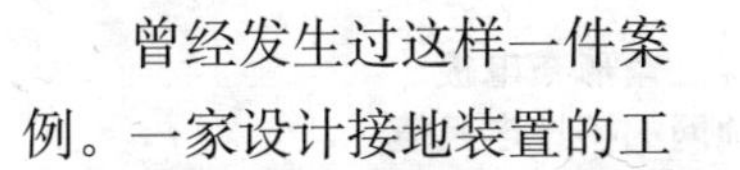

曾经发生过这样一件案例。一家设计接地装置的工程公司为某旧建筑物设计并施工一个用于防雷的接地装置，工程结束验收时，发现接地电阻值偏大，不符合双方合同规定的要求，为此打起了官司。法院请专家仲裁，专家发现在验收时，原告方测的是工频接地电阻值，而该接地装置在合同上规定的是做防雷用，既然是做防雷用，就应该采用冲击接地电阻值进行验收。同一接地体，冲击值小于工频值，工频值不合格，不等于冲击值也不合格。后经专家换算，其冲击接地电阻值仍偏大。原设计的接地装置采用多根角铁一字形排列，当时设计者考虑：从位于接地体的边缘拉接地总干线到建筑物内的距离最近。后经专家指导，将接地总干线的接入点从边缘移到了接地体的中间部位(可以参考图 6-20 为例)，由于减小了接地体最长支线的长度，使换算系数 A 增大，从而使冲击接地电阻值减小，于是便符合了合同规定的要求。

6.5　共用接地网接地电阻的测量

共用接地网的工频接地电阻可以利用等腰三角形布电极法测量，其布线应按图 6 - 23 来实施，一般应取 $d \geqslant (2 \sim 4)D$，D 为接地网的最大对角线距离。这样距地网边缘向外(2～4)D 处的电位已接近于零。

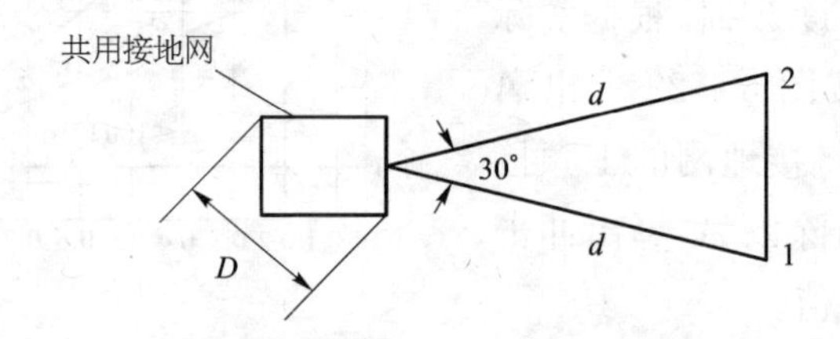

图 6 - 23　采用等腰三角形布电极法测量接地网的接地电阻值

在许多现场，往往没有那么大供测量用的地盘，此时，若在 $d < (2 \sim 4)D$ 的情况下进行共用接地网接地电阻的测量，由于抬高了测量的基准电位，测得的数据肯定会偏小，这不难从接地电阻的定义可得到解释。

6.6　土壤电阻率的测量

一般用等距法(文勒法)测土壤电阻率(图 6 - 24)。用配备四个端头的手摇式或数字式接地电阻测试仪可进行土壤电阻率的测量。

如图 6 - 24 所示的那样，四个小电极成直线排列，相距为 a，在布电极时，为了减少测量误差，应取 $a \geqslant 10h$，h 为测量电极的埋设深度。这样就可以用半球状接地体来处理。

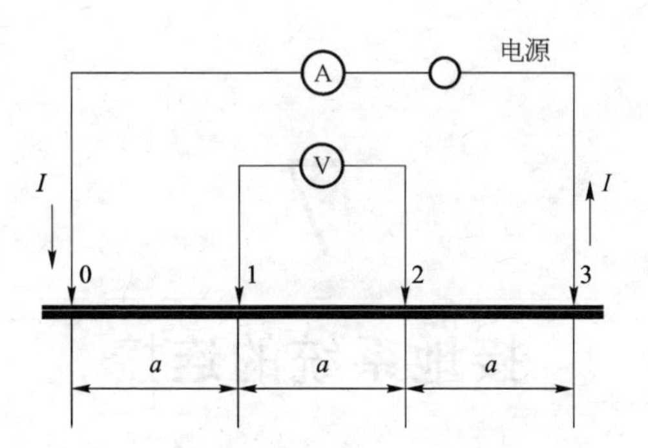

图 6-24　等距法(文勒法)测土壤电阻率

如所测电阻为 R,则电阻率为

$$\rho = 2\pi a \frac{U}{I} = 2\pi aR \tag{6-28}$$

也可以按图 6-7 先做一个垂直棒接地体埋于地下,测得其接地电阻值后,再按式(6-9)反推出土壤电阻率。

由于土壤电阻率是随季节(温度和含水量)变化的,土壤电阻率在冬季最高。规范所要求的接地电阻实际上是接地电阻的最大许可值。为了满足这个要求,接地电阻的设计值应按式(6-29)计算:

$$R = R_{max}/\omega \tag{6-29}$$

式中　R_{max}——接地电阻最大许可值;

ω——季节因数,常用值为 1.45。

所以,$R_{max} = 10\,\Omega$, $R = 6.9\,\Omega$; $R_{max} = 4\,\Omega$, $R = 2.75\,\Omega$; $R_{max} = 1\,\Omega$, $R = 0.69\,\Omega$。

7

接地系统的连接

7.1 接地连接的总体要求

将需要接地的设备到接地体之间的金属连线称为接地连接。它系指接地系统在地面上的那个部分。对接地连接的总体要求是：

(1) 若定义从某个需要接地设备的接地端子到接地体之间的金属连线的电阻为连接电阻的话，连接电阻对系统的影响是同于接地电阻的。连接电阻应小于一定值，一般规定小于 1 Ω。仪表柜内某个需要接地设备的接地端子到柜内的接地汇流排的连接电阻宜小于 0.1 Ω。这是接地连线的线径选择的依据之一。

接地连线线径选择的另一个依据是接地电流的频率。因为由式(7－1)可知，金属导线的自感 L(单位：H)反比于线径 d(单位：m)，正比于导线长度 l(单位：m)：

$$L=\frac{\mu_0 l}{2\pi}\left(\ln\frac{4l}{d}-1\right) \tag{7-1}$$

所以当接地电流的频率很高时，为降低它的感抗，应加粗线径。

(2) 接地连接宜采用分类汇总的方式(一般分保护地和工作地两大类),以避免彼此间的耦合。保护地和工作地可以在地面上汇总后再接至接地体;但更宜在共用接地网上汇总,而且保护地的汇总点和工作地的汇总点之间沿接地体的长度方向宜相距5 m以上。

(3) 接地系统的连接应尽可能避免产生闭合的回路,以免在外界交变磁场的作用下,在闭合的连接回路内会产生干扰电流。如难以避免产生闭合的回路,也应尽量减小闭合回路的面积。

(4) 接地系统的连接应尽量做到等电位,减小彼此间因电位差造成的耦合。

(5) 接地连线的数量要尽量少,长度要尽量短,以避免将接地连线如同一根接收天线那样拾取周围的电磁干扰。

在工程实施中,上述诸项要求往往难以求全,顾此失彼,所以各种各样的接地连接方式比比皆是,应该允许设计者因地制宜进行选择。

7.2 接地连接的耦合

7.2.1 串联接地

机柜间的串联接地如图7-1所示,由图可知:

$$
\begin{aligned}
V_A &= (I_1 + I_2 + I_3)R_1 \\
V_B &= V_A + (I_2 + I_3)R_2 \\
V_C &= V_B + I_3 R_3
\end{aligned}
\tag{7-2}
$$

由于每个机柜总存在着接地电流,接地连线总存在着一定的阻抗,可见A、B及C点间存在着一定的电位差,其中A点和

C 点间的电位差可达 $(I_2+I_3)R_2+I_3R_3$。如果接地电流变化很大，该电位差也随之发生变化，则机柜间会因各接地电流通过接地连线的阻抗而产生公共阻抗耦合，导致各机柜的基准电位不一致，从而产生了干扰，所以在工程上不宜将众多的机柜内的接地汇流排实行串联接地。

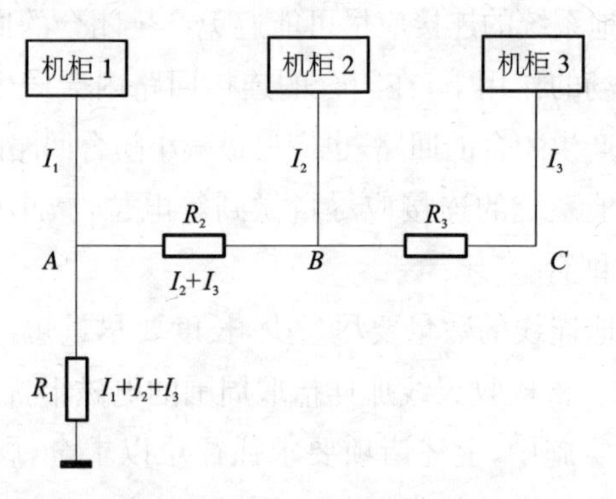

图 7-1　机柜间的串联接地

7.2.2　并联接地

机柜的并联接地如图 7-2 所示，由图可知：

$$
\begin{aligned}
V_{\mathrm{A}} &= I_1R_1+V_{\mathrm{D}} \\
V_{\mathrm{B}} &= I_2R_2+V_{\mathrm{D}} \\
V_{\mathrm{C}} &= I_3R_3+V_{\mathrm{D}} \\
V_{\mathrm{D}} &= (I_1+I_2+I_3)R_4
\end{aligned}
\tag{7-3}
$$

由图 7-2 可知，如把 D 点作为各机柜的公共基准电位，则任何一个机柜的接地电流发生变化，只影响本机柜内接地汇流排的电位高低。由于并联接地可以减少因接地电流引起电路间的耦合，所以有它的独到之处。显然，图 7-2 中的 R_4 为接地电阻的

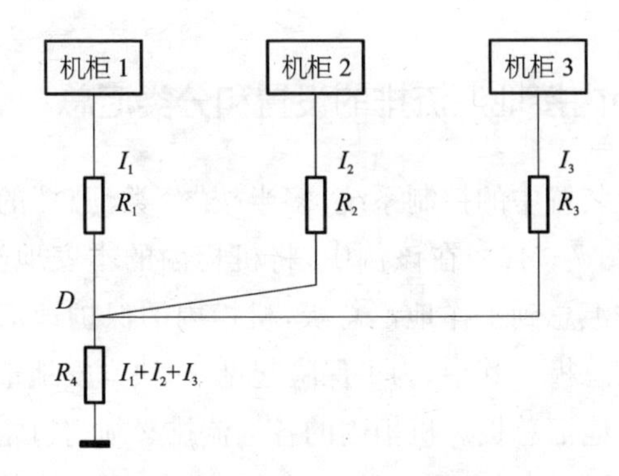

图 7-2 机柜的并联接地

话，通过接地电阻 R_4，机柜间多少还存在着耦合，但比起串联接地要小多了。显然，汇总点 D 离接地体的距离愈近，接地电阻 R_4 愈小，耦合就愈小。

从上述讨论可知，机柜间耦合的大小取决于各机柜接地电流的大小以及接地电阻和连接电阻的大小。如果各机柜接地电流的大小为零，就意味着机柜间不存在耦合。要做到接地电流为零是极困难的事，为减小耦合，故对接地电阻和连接电阻就提出了要求。

在工程中，当需要接地的机柜很多时，并联接地有它的好处，但它的接地连线相对于串联接地又多且长。一种折中的做法如图 7-3 所示，将三个机柜合为一组拉一根(组)接地连线去接地体。

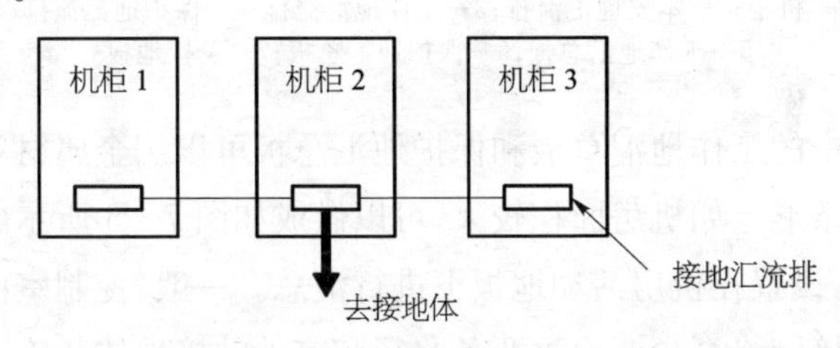

图 7-3 将三个机柜合为一组

7.3 机柜内接地汇流排的设置和分类汇总

在工业装置中的控制系统，多半按“分类汇总”的原则进行接地连接(图 7-4)。在该例中，将机柜内的本安地汇流排、工作地汇流排汇总到工作地汇总板，机柜内的保护地汇流排汇总到保护地汇总板。其中，为了保险起见，一块本安地汇流排拉两根线去工作地汇总板。机柜内的各汇流排必须与机柜绝缘。而后，将工作地汇总板和保护地汇总板再汇总到总接地板。从总接地板再拉两根接地总干线去接地体。低压电源系统 TN-S 接地制式的保护接地线 PE 线也可汇总到总接地板。

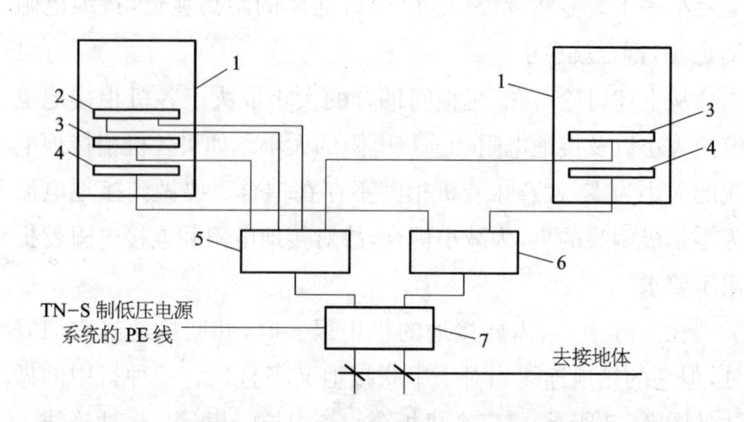

图 7-4 接地连接的分类汇总

1—机柜；2—本安地汇流排；3—工作地汇流排；4—保护地汇流排；
5—工作地汇总板；6—保护地汇总板；7—总接地板

图中的工作地汇总板和保护地汇总板可以用金属材料做成矩形或条形。如机房面积较大，可以做成如图 7-5 所示的梳形汇总排，设置在机房活动地板下进行汇总。一般，控制室内的等电位连接网络至少要通过两条路径和室外的接地体相连。

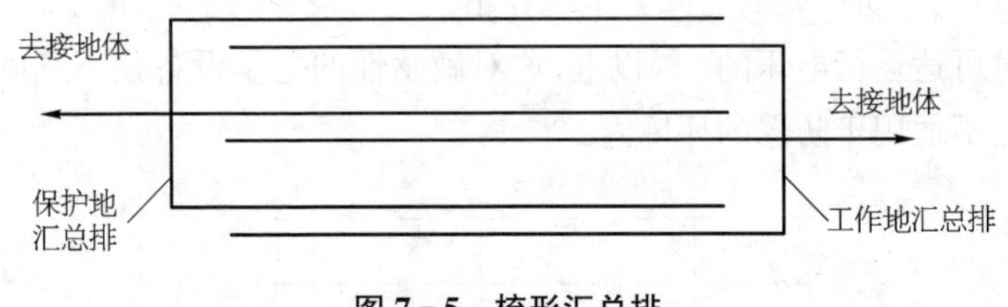

图 7-5 梳形汇总排

7.4 低压交流供电系统的接地制式

低压系统接地制式是按配电系统和电气设备(包括控制系统)不同的接地组合来分类。按照 IEC 标准的规定,低压系统接地制式一般由两个字母组成,必要时可加后续字母。因为 IEC 标准以法文作为正式文件,因此所用字母为相应法文文字的首字母。

第一个字母表示电源接地点对地的关系: T 表示直接接地;I 表示不接地(包括所有带电部分与地隔离)或通过阻抗与大地相连。

第二个字母表示电气设备的外露的非载流金属体(如控制系统的机柜)与地的关系: T 表示独立于电源接地点的直接接地;N 表示直接与电源系统接地点或与该点引出导体相连接。

后续字母表示中性线(N)与保护线(PE)之间的关系: C 表示中性线(N)与保护线(PE)合并为 PEN 线;S 表示中性线与保护线分开;C-S 表示在电源侧为 PEN 线,从某点分开为 N 及 PE 线。

按低压系统接地制式划分有 TN-S、TN-C、TN-C-S、TT、IT 五种。

(1) TN-C 系统(图 7-6)。这种系统有简单、经济的优点。但是当三相负载不平衡或有谐波电流时,PEN 线中有电流，其上所产生的压降会呈现在不同电气设备的金属外壳上，有时可达运行电压的5%以上，这对敏感性的电子设备是不利的，它不适用于防爆的环境内。

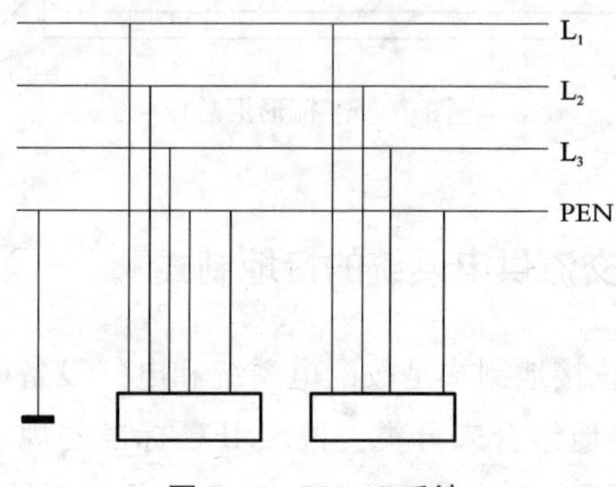

图7-6　TN-C系统

(2) TN-S系统(图7-7)。该系统相对于TN-C系统的最大特点是将N线和PE线分开，因为在正常时PE线上不通过负荷电流，所以与PE线相连的电气设备的金属外壳在正常运行时不带电位。由于比TN-C系统多拉一根线，所以在经济成本上要贵一点。

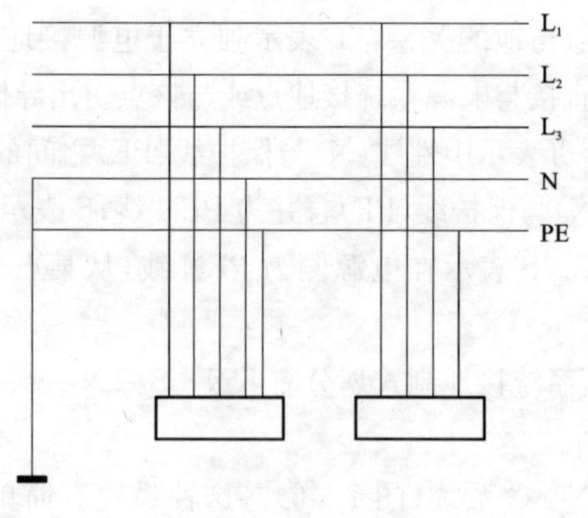

图7-7　TN-S系统

(3) TN－C－S系统(图7－8)。该系统的前端是TN－C系统,后面改为TN－S系统。缺点是如前端的PEN线上有电流通过,很难保证后面的PE线上没有电流通过。

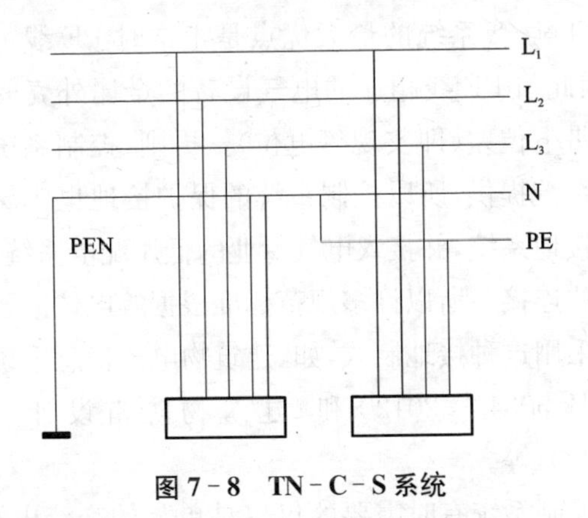

图7－8 TN－C－S系统

(4) TT系统(图7－9)。TT系统内,电气设备的金属外壳单独接地,与电源在接地上无电气上的联系。其优点是避免发生故障时,将故障电压蔓延。缺点是若某相线碰壳时,接地故障回路因增加了一个接地电阻,故障电流小于TN系统,自动开关不能切除故障,设备外壳上会带百伏级的电压,影响人身安全。

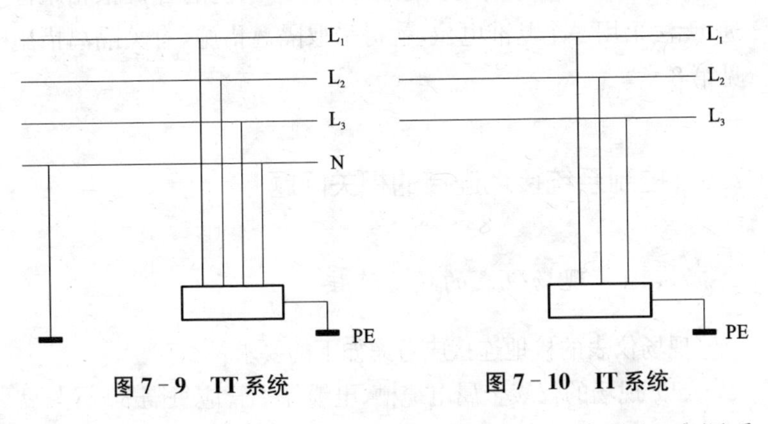

图7－9 TT系统　　图7－10 IT系统

(5) IT系统(图7－10)。该系统没有中性线引出,电源系统不接地。该系统中任一根相线若与地或设备金属外壳相碰，由于不构成回路，不会出现危险故障电流，即不会出现引爆的电火花，故适用于防爆现场。

由于 TN－S 系统的最大优点是正常时 PE 线上不通过负载电流，因此与 PE 线相连的电气设备的金属外壳间在正常运行时也不带电位差(即实现等电位)。再则，控制系统的电源由低压配电系统提供，所以控制系统的保护接地也应属于低压配电系统的接地系统，并接入电气专业的低压配电系统的接地网，实现等电位连接。所以许多规范标准根据等电位的要求都强制性地规定采用这种接地制式，如《建筑物电子信息系统防雷技术规范》(GB 50343—2012)和《建筑物防雷设计规范》(GB 50057—2010)等。

虽然控制系统有时需要的仅仅是单相的交流电源，但在考虑接地系统的设计时，必须要考虑该单相电源所在的三相电源系统的接地制式也必须是 TN－S 制。

对控制系统而言，同一机柜的保护地允许重复接地。而工作地因为是作为信号和系统的基准电位，同一个系统只能有一个基准电位，不允许重复接地，如果同一系统的各机柜相距甚远，无法采用一个基准电位，就得采取隔离措施，有关隔离措施见第 8 章。

7.5　控制系统接地连接的相关问题

7.5.1　现场仪表的接地连接

现场仪表的接地连接应考虑如下的要求：

(1) 现场的仪表金属电缆槽、电缆保护管应每隔 30 m 与就近已接地的金属构件相连，并应保证其接地的可靠性及金属电缆槽和电缆保护管的电气连续性。

(2) 仪表的金属外壳以及现场接线箱的金属外壳等也应就近接地。严禁利用储存、输送可燃性介质的金属设备、管道以及与之相关的金属构件进行接地。

(3) 现场仪表的工作地一般应在控制室侧接地。对于要求在现场接地的现场仪表,如接地型热电偶、pH 计、电磁流量计等必须在现场侧接地时,应在现场仪表和信号接收仪表间做电气隔离,以免因两个接地点产生的对地回路而形成共模干扰电压。

(4) 现场仪表接线箱两侧的电缆的屏蔽层应在箱内跨接。

7.5.2 接地的搭接

所有从需要接地的仪表端子通过接地汇流排到接地体前均应保持良好的绝缘,特别是工作地。

接地连线与接地汇流排、接地汇总板的连接一般采用铜接线片和镀锌钢质螺栓,并采用防松和防滑脱件,以保证连接的牢固可靠。

接地总干线和接地体的连接宜采用放热式焊接搭接。放热式焊接也称“铝热焊接”,是一种铝还原另一种金属氧化物(通常是铜或铁的氧化物)的放热反应(铝热焊反应)生成熔融的铜或铁来实现焊接的工艺。放热反应的一般化学反应式为

$$2Cu_2O + 2Al \longrightarrow 4Cu + Al_2O_2 + \text{热量}(2\,537℃)$$

热熔焊接化学反应的速度非常快,仅几秒就可以完成焊接,产生热量极高,可以有效地传导至熔接部位,使其融为一体,形成分子结合。无须其他任何热能,仅从外观便能核查焊接的质量,便于施工及检验。

放热式焊接原理和接地连接如图 7-11、图 7-12 所示。

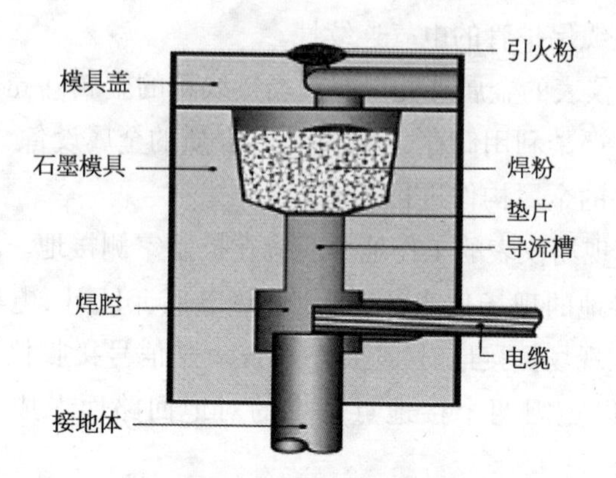

图 7-11 放热式焊接示意图

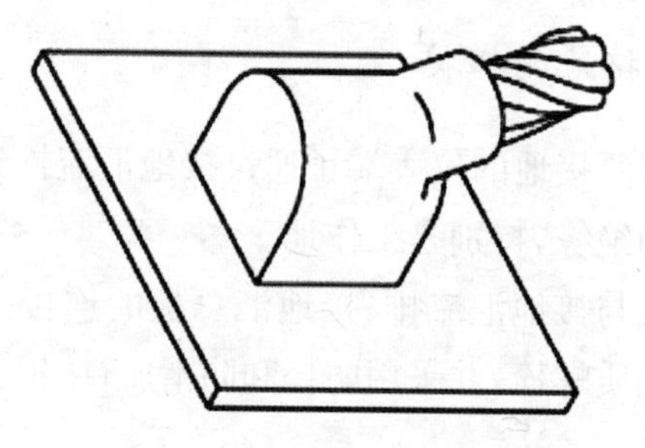

图 7-12 焊点与接地线连接

图 7-13 是放热式焊接与机械式连接在可靠性上的对比。由图可知，放热式焊接的接地点的连接面非常平滑，是一种永久性的分子焊接，导体不会被破坏并且在整个交界面上提供永久良好的电导率，焊接点能经受反复多次的大浪涌（故障）电流而不退化；在由于大的故障电流而导致的非正常升温时，焊接点的温度能比导体本身还要低，导体交界面的整体有效性没有改变。

而机械连接的接地点，在两个导体交界面上，接触点呈离散状态分布，电流路径不均匀，接地效果及抗浪涌能力均不如放热式焊接的接地点。另外，放热式焊接的焊点材料为铜，导电效果

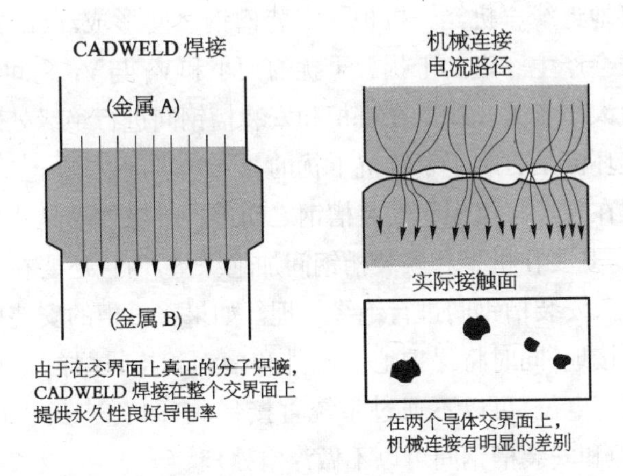

图 7-13 放热式焊接与机械连接对比图

优于碳钢材质。并且放热式焊接其焊接质量易于控制，焊接速度快，外观成型好。

7.5.3 关于控制系统机柜的对地浮空

所谓机柜对安装地面的浮空，是指机柜柜体和安装地面间是否绝缘，而不是机柜不接地（图 7-14）。

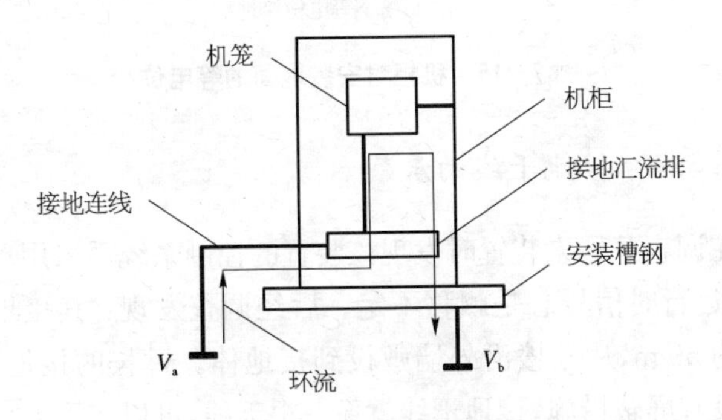

图 7-14 机柜对安装地面的不浮空

由图 7-14 可知，当机柜不浮空而且和安装槽钢间不绝缘时，有可能因两个接地点的地电位 V_a 不等于 V_b，在保护地汇流排—接地连线—机笼—机柜—安装槽钢之间形成环流，这对柜内仪表会产生一定的干扰。干扰的大小和 V_a 与 V_b 之间的地电位差值大小有关。所以在机柜和安装槽钢间进行绝缘处理以切断上述环流是有利于系统抗干扰的。

但在现场将机柜和安装槽钢之间进行绝缘处理是一件很麻烦的事，既要在机柜和安装槽钢间加绝缘垫，而且还要在固定螺栓、机柜、安装槽钢间进行绝缘处理。如果将机柜的安装槽钢做等电位接地，同时将保护地汇流排和槽钢相连，这样，一旦槽钢上出现高电位，可以不通过系统直接释放(图 7-15)。所以此时，机柜和安装槽钢间可以不做浮空处理。

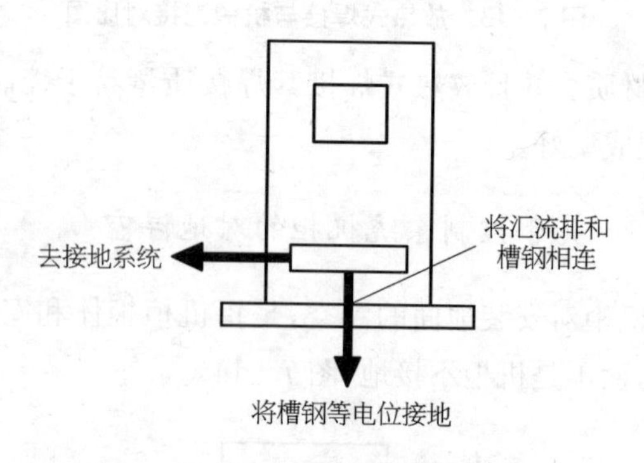

图 7-15　机柜对安装地面的等电位

7.5.4　接地干线的屏蔽

在调查某尿素装置时发现该装置的控制系统系采用单独接地，但运行时信号总是飘移不定。后经调查发现：其接地总干线长约 50 m，从三楼沿外墙敷设到接地体。过长的接地干线，如果没有屏蔽措施，接地干线就像一根天线，可以接受大量的电磁干扰信号，使系统无法稳定工作。

后将接地干线穿金属管并将金属管一端接地，以起到静电屏蔽和辐射屏蔽的效果，消除了信号飘移不定的现象。

7.5.5 浮地

所谓浮地是指电子系统的接地线在电气上与接地系统保持绝缘，两者之间的绝缘电阻一般应在 50 MΩ 以上。

浮地的优点是：

(1) 接地系统中的电磁干扰不会传递到电子设备上去。

(2) 地电位的浮动对电子设备也没有影响。

所以浮地可以提高设备的抗干扰能力。

但浮地也带来了一些缺点，如：

(1) 由于某种原因产生的静电，因无法释放而容易积累。

(2) 当雷电感应较强时，外壳和其内部电子电路间可能会出现很高的电压将两者之间的绝缘击穿，造成电子电路的损坏。

7.6 运动系统的接地技术

船舶、机器人等物体都是以一定速度与陆地做相对运动的运动系统，它的内部又装备着密集的电子、电气设备。为保证人体和设备的安全，也为了满足电子、电气设备的抗干扰要求，必须设置专门的接地系统。

为了有别于常见的地面上的接地系统，于是把这种接地系统称作“运动系统的接地系统”。

7.6.1 船舶接地系统

对钢结构船体的接地系统，应将金属船体看成是接地体，船体外的水域相当于陆地上的土壤层。在第 6 章中已推导过建筑结构体接地系统的接地电阻的计算式[式(6-16)]：

$$R = \frac{0.4\rho}{\sqrt{A}}$$

此式可以移用到钢结构船体的接地电阻计算上。式中的 A 相当于钢结构船体吃水线下浸水的外表面积(单位：m^2)，ρ 为水的电阻率(单位：$\Omega \cdot m$)。

例 1：海水的电阻率 ρ 一般为 $(0.1 \sim 0.5)\ \Omega \cdot m$，现取 $0.5\ \Omega \cdot m$，设钢结构船体吃水线下的浸水的外表面积为 $400\ m^2$，将此数据代入上式，可得接地电阻值为 $0.01\ \Omega$。

例 2：江河水的电阻率 ρ 一般为 $(190 \sim 400)\ \Omega \cdot m$，现取 $400\ \Omega \cdot m$，设钢结构船体吃水线下浸水的外表面积同样为 $400\ m^2$，将此数据代入上式，可得接地电阻值为 $8\ \Omega$。

由此可见：

(1) 钢结构船体的接地电阻值取决于：

① 钢结构船体吃水线下浸水的外表面积的大小。

② 海水或江河水的电阻率。

(2) 在船体吃水线下浸水的外表面积同样大小的条件下，海上运行的钢结构船体的接地电阻值要远小于在江河里运行的钢结构船体的接地电阻值。

(3) 对船舶的接地系统，接地电阻的大小是客观存在的，是不可控参数；但它会影响控制、仪表系统的正常使用，所以在接地系统的实施过程中，强调的是电子、电气设备的“等电位连接”。

船舶的工作地不能像保护地那样，和就近的金属结构相连就算了事。因为船体不是一块完整的导电体，往往是有许多块金属通过铆接、焊接以及螺栓等方法连接起来的，在这些金属块的连接处都存在一定的接触电阻。再则，和金属船体相连接的电子、电气设备又有一定的接地电流流向“地”，故很难保证接地平面有一个稳定的电位参考点。

曾经有人对金属板上的“地”的电位分布做过研究(图 7-16)，可见如何保证有一个相对稳定的电位参考点是十分重要的。

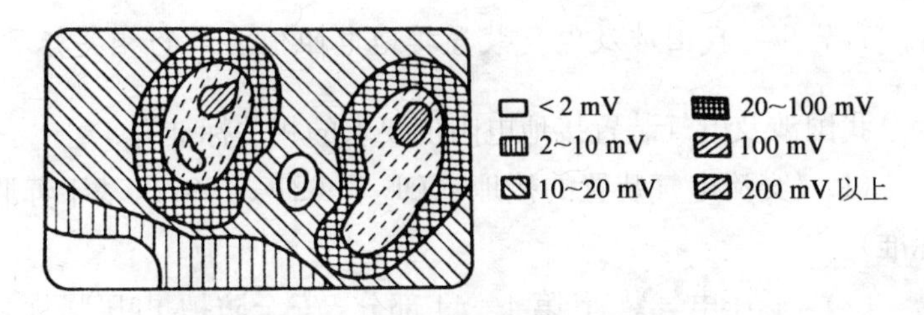

图 7-16 金属板上的电位分布

所以，对船舶接地系统的工作地，应该设置一个总接地板作为一个系统的工作地的基准接地面，从不同机柜或设备引来的工作地连线应采用并联的方式进行连接，这样可避免彼此间的耦合。

在船舶的接地系统中，工作地不得与保护地共用。

7.6.2 悬浮接地系统

对机器人这样的悬浮接地系统，所有的电子、电气设备只有相对的零电位。为此，接地电阻的大小已不是那么重要，在实施过程中，强调的也是电子、电气设备的"等电位连接"。

对机器人，可以直接选择一块整体的金属骨架(最好是用铜制作)作为工作地的基准接地面，需要接地的地方，通过接地连线和基准接地面相连。为了保证等电位的实现，金属构架上的任何两点间的连接电阻宜控制在 0.1 Ω 以下。

7.7 控制系统对接地电阻值要求的讨论

仪表、控制系统对接地电阻值(包括连接电阻)的要求，很少有文献对该命题做过详细的讨论。许多仪表与控制系统的制造商在其产品说明书里，往往也都是沿用以 4 Ω 作为仪表、控制系统对接地电阻值的要求。在本章试图对此问题做一探讨。

7.7.1 我国涉及电气装置接地电阻值要求的相关标准

我国涉及电气装置接地电阻值要求的相关标准有：

(1)《交流电气装置的接地》(DL/T 621—1997)(基于苏联标准)。

(2)《低压电气装置 第4—44部分：安全防护 电压骚扰和电磁骚扰防护》(GB/T 16895.10—2010)。

(3)《系统接地的型式及安全技术要求》(GB 14050—2008)。

现将这些标准对地网电位允许的升高值 U 汇总于表7-1。

表7-1 地网电位允许的升高值 U

序号	系　统	U(V)	说　明
1	中性点有效接地的诸如发电厂、变电所等大电流接地系统(110 kV以上的系统)	2 000	接地故障电流很大,系统的继电保护时间会迅速切断电源,接地装置上出现高电压的时间很短,故 IR 可取2 000 V
2	中性点不接地的小电流接地系统(60 kV以下的系统)	250	接地故障允许存在2 h,所以 IR 的允许值大为降低 R 不宜大于10 Ω
3	发电厂、变电所电力生产用低压电力设备	120	考虑人与低压电气装置接触的机会较多,故 U 值较低 R 不应大于4 Ω
4	建筑物电气装置的TT系统或IT系统	50	考虑人与低压电气装置接触。50 V为人体的安全电压 R 不宜大于4 Ω

其中,(DL/T 621—1997)确定电气装置保护地接地电阻值 R 的基本公式为

$$R \leqslant U/I \tag{7-4}$$

式中 U——地网电位允许的升高值(V),不同的电气装置其取值见表7-1;

I——流经接地装置的短路电流或切断故障回路的动作电流(A)。

7.7.2 控制机柜的接触电位差和对保护地接地电阻值的要求

控制机柜对保护地接地电阻值的要求应按人与机柜的接触电位差考虑,而不宜按地网(即机柜)电位允许的升高值考虑。

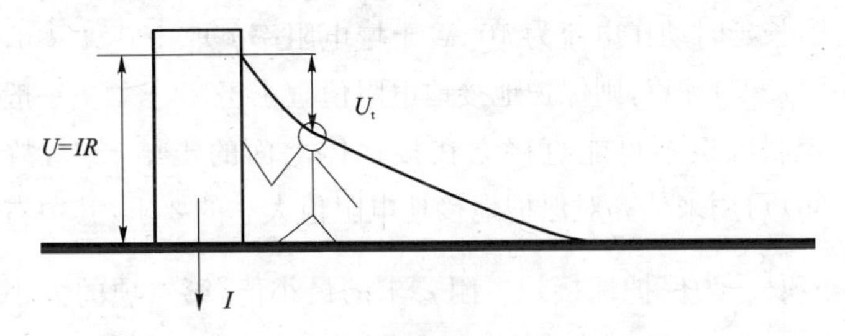

图 7-17 人体所遭受的接触电位差

设接地体为最简单的半球状接地体,如果控制机柜就立在接地体上面的土壤层上,根据第 6 章推导的式(6-23),离机柜距离为 s 处的电位为

$$V=\frac{\rho I}{2\pi S}$$

由图 7-17 可知,人体与机柜间的接触电位差 U_t 为

$$U_t=IR-\frac{\rho I}{2\pi s} \tag{7-5}$$

式中 ρ——土壤(或地面)的电阻率($\Omega\cdot m$);

I——断路器(或熔断器)的动作电流(A);

s——人体离机柜的距离(m),一般可取 0.8 m;

R——包括连接电阻在内的接地电阻值(Ω)。

式(7-5)中右边的第一项是机柜 220 V 相线与机柜相碰时的电位上升值，第二项是人体的电位值。

如允许的接触电位差 U_t 取 33 V(见 6.1.3)，则保护地的接地电阻值 R 应为

$$R \leqslant \frac{U_t}{I} + \frac{\rho}{2\pi s} = \frac{33}{I} + 0.2\rho \qquad (7-6)$$

设控制机柜断路器配置的额定电流为 10 A，如脱口器为固定式，长延时动作电流为 10 A，土壤电阻率 ρ 取 100 Ω·m，如按式(7-6)计算，则保护地接地电阻值宜小于 23.3 Ω。一般而言，控制机柜不可能直接立在接地体上面的土壤层上，故式(7-6)可用来估算对保护地接地电阻值大小的要求，其中右侧第一项 $\frac{33}{I}$ 为保护地接地电阻要求的最小值，第二项的大小取决于人体所处地面的电阻率。

7.7.3 控制系统对工作地接地电阻值的要求

对控制系统双端对地输入系统的模拟量输入卡(图7-18)，设接地电阻为 R_d，假设信号为零，由于共模干扰电压 V_c 的存在，则产生的串模干扰电压为

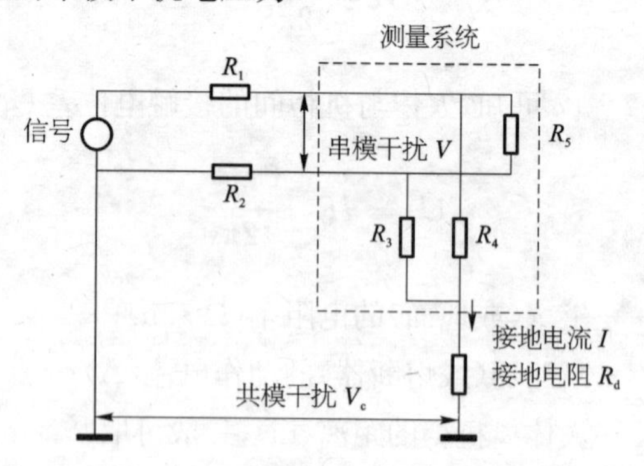

图 7-18 模拟量输入卡双端对地输入系统

$$V = \left(\frac{R_4 + R_d}{R_1 + R_4 + R_d} - \frac{R_3 + R_d}{R_2 + R_3 + R_d} \right) V_c \qquad (7-7)$$

由图 7－18 和式(7－7)可知：

(1) 如电路是对称的话，即 $R_1 = R_2$，$R_3 = R_4$，则串模干扰电压 $V = 0$，即串模干扰电压是通过电路的不对称而产生的。

(2) 接地电阻 R_d 或接地电流 I 愈大，产生的共模干扰电压和串模干扰电压也愈大。

(3) 如能做到接地电流 I 为零，则模拟量输入卡对接地电阻 R_d 的大小没有要求。

(4) 接地电流 I 的大小取决于系统的绝缘性能(即 R_3、R_4 的大小)。

所以，系统对接地电阻 R_d 大小的要求反映了系统的绝缘性能和对称性能。

由此可见，控制系统对工作地接地电阻 R_d 大小的要求应通过试验的方法来确定。在试验时，可以通过改变连接电阻的大小去测试对系统精确度的影响，从而确定系统对接地电阻值大小的要求。

7.7.4 控制系统对接地电阻值要求的结论

(1) 系统的绝缘性能与对称性能决定了系统对工作地接地电阻值的要求。

(2) 控制系统的工作地与保护地对接地电阻值的要求是不一样的。

(3) 控制系统对工作地接地电阻值的要求系控制系统的属性，而对保护地接地电阻值的要求系控制机柜的属性。控制系统产品说明书中提出对接地电阻值的要求应该是指对工作地接地电阻值的要求。

(4) 对如图 7－18 所示的模拟量输入卡,如其输入端采取隔离措施的话,由于形成不了共模电压,可以大大降低对工作地接地电阻值的要求。

8

隔离与滤波

隔离和滤波是控制工程中抑制电磁干扰的基本方法之一。本章将讨论在工程中几种常见的、包括交流电源和信号的隔离与滤波的方法。

8.1 交流低压电源的隔离

控制系统的电子电路几乎都采用由交流电源(例如220 V，50 Hz)转换成直流电源来供电的。由于控制系统的电子电路是通过电源电路接到交流电源上去的，所以交流电源里含有的噪声便会通过电源电路干扰控制系统电子电路的正常工作。

外来的电磁干扰，除了通过电缆间的电磁辐射、电磁感应、静电感应等耦合外，相当部分是通过电源进入电子电路的。在此关键部位，如采取措施将耦合的干扰进行抑制，就可以取得事半功倍的效果。这比起在电子电路内部采用抗干扰措施要有效得多。再则，电源电路本身也是一个干扰源，如电源电路里产生的纹波以及开关电源里产生的尖峰脉冲等，故抑制此类干扰也就成为控制系统抗干扰的一个重要内容。

8.1.1　控制系统对交流低压电源的一般要求

交流电源诸如电压偏差、频率偏差、谐波含量等参数的非正常变化，都会影响控制系统的正常工作。此外，控制系统对允许的短时中断时间也有一定的要求，即在交流低压电源发生短时中断时(如中断 10 ms)，应不影响设备的正常运行。所以各类标准对此均有相应的限值和规定，并分为若干个偏差等级[引自《工业过程测量和控制装置的工作条件 第 2 部分：动力》(GB/T 17214.2—2005)]。控制系统所能承受的偏差等级愈高，表明控制系统对交流电源的抗干扰能力就愈强。

表 8-1 中的谐波含量是各谐波电压平方之和的平方根值与电源基频电压(均方根值)之比的百分数，即

$$谐波电压=\frac{全高次谐波有效值}{基频基波有效值}\times 100\% \qquad (8-1)$$

表 8-1　交流电源的偏差等级

偏差等级	电压偏差(公称值的百分数)	频率偏差(公称值的百分数)	谐波含量	允许的中断时间
1 级	±1.0%	±0.2%	≤2%	3 ms
2 级	±10%	±1.0%	≤5%	10 ms
3 级	−15%～10%	±5.0%	≤10%	20 ms
4 级	−20%～15%		≤20%	200 ms
5 级				1 s

8.1.2　交流电源中产生干扰的主要原因

交流电源中产生的干扰包括浪涌干扰和其他形式的干扰两大类。

产生浪涌干扰的主要原因有：

(1) 直接受到雷击或因雷电感应所产生的浪涌电压和浪涌电流。

(2) 由于各种电气设备在开/关时产生的浪涌电压，即在电路由通态变为断态时，电路中会产生反冲的电压浪涌，在电路由断态变为通态时，电路中会产生电流浪涌。

(3) 各种电气设备电源对地短路引起的浪涌电压。

交流电源中产生其他形式干扰的主要原因有：

(1) 各种电气设备工作时所产生的干扰，如变频器，由于通过整流和逆变后，在输出电压和输出电流中含有多阶高次谐波，通过耦合污染了电网。高次谐波的幅值虽然不高，但对控制回路的影响很大。

(2) 大负载的接通，会使交流电源电压跌落。

(3) 发电机运行的不稳定，会使频率发生偏离。

(4) 小感性负载(如继电器)的切换会产生快速瞬变脉冲群，这种干扰的特点是上升时间快，持续时间短，能量虽低但具有较高的重复频率。它们可能会骚扰控制系统的正常运行，但通常不大可能引起控制系统的损坏。

上述诸干扰中，对控制系统影响最严重的是：

(1) 持续时间短、峰值高的浪涌脉冲，特别是雷电浪涌脉冲，它可以使系统损坏。

(2) 高次谐波，它会使系统无法正常工作。

8.1.3 隔离变压器

实验证明，高频尖峰脉冲干扰的主要耦合途径并非是通过变压器的初、次级间的电磁耦合产生的。一般的电源变压器由于初级和次级线圈缠绕在一起，靠得很近，初级和次级线圈间的分布电容可达数百皮法，这样大的分布电容，有十分好的频率特性，对高频噪声的阻抗很小(图 8－1)。如设法减小这种分布电容，就可以抑制高频尖峰脉冲干扰，于是就产生了所谓的“隔离变压器”。

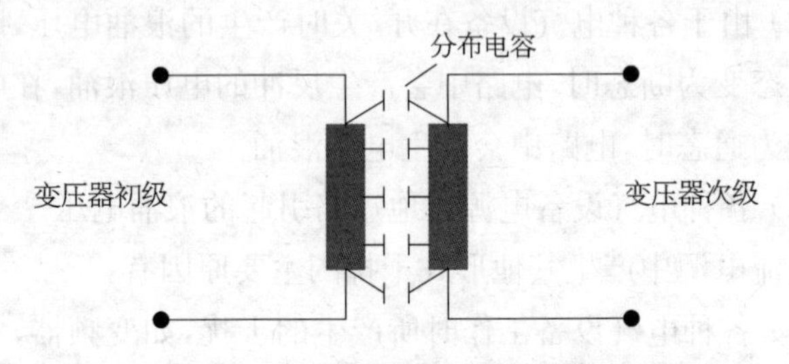

图 8-1　普通变压器的电磁耦合

隔离变压器实际就是一台初级、次级匝数比为 1/1 的变压器，它和一般变压器不同之处在于：为了减小级间的分布电容，初、次级绕组是分开绕制的，而且各自都加了屏蔽，初、次级绕组和铁心均须接地（图 8-2）。这样就抑制了将电网中的高频噪声传输到控制系统的电源电路中去。

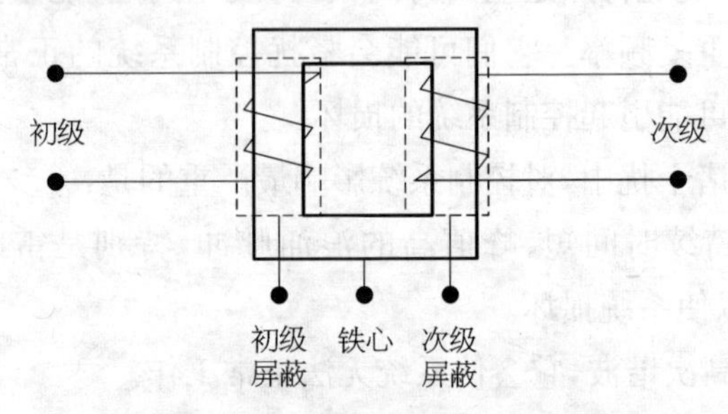

图 8-2　隔离变压器的原理图

表 8-2 是隔离变压器的屏蔽层和铁心在不同的接地情况下测得的初、次级分布电容值以及直流电阻值。测试分布电容值使用的频率为 1 kHz，测试电阻时的电压为 100 V。由表 8-2 可知，在使用隔离变压器时，初、次级屏蔽层与铁心均应接地。

表 8-2 隔离变压器不同的接地方法所带来的影响

接地方法	分布电容 (pF)	直流电阻 ($\times 10^{12}\ \Omega$)
初、次级屏蔽层与铁心均接地	1.2	50
初级屏蔽层与铁心接地，次级屏蔽层悬空	1.9	20
初级屏蔽层与铁心接地，次级屏蔽层接次级零电位	2.1	30
次级屏蔽层与铁心接地，初级屏蔽层接初级零电位	4.2	4
次级屏蔽层与铁心接地，初级屏蔽层悬空	6.0	3
初、次级屏蔽层接地，铁心悬空	1.4	3
初级屏蔽层接地，次级屏蔽层与铁心悬空	4.0	10
铁心接地，初、次级屏蔽层悬空	27.0	1
次级屏蔽层接地，初级屏蔽层与铁心悬空	6.1	5

8.1.4 交流低压系统的零地电压对控制系统的影响

在 TN-S 的接地制式中，零线 N 和保护接地线 PE 之间的电压被称为“零地电压”。许多电子控制系统对供电系统的零地电压有一定的要求，这种要求的高低取决于控制系统的内部结构。对电子计算机，若零地电压过高，系统不但容易“死机”，而且还会影响通信，增大数据传输的误码率。在电子系统机房的接地系统中，为了保证系统运行的安全可靠，必须尽量设法降低零地电压。

不同的电子设备对零地电压有不同的要求，如调制解调器要求不大于 5 V，卫星通信技术要求小于 3 V，个别重要的服务器(如金融系统)甚至要求小于 1 V。根据国家强制性标准《电子信息系统机房设计规范》(GB 50174—2008)中有关电子信息设备供电电源的质量要求，零地电压应小于 2 V。

表 8-3　零地电压数据汇总

参　数	2F				3F		21F	
	01机柜	02机柜	03机柜	04机柜	01机柜	02机柜	01机柜	02机柜
A相电流(A)	12.3	9.6	37.4	30	14.9	11.6	91	59
B相电流(A)	21	13	37.1	32	15.3	14	101	69
C相电流(A)	12.5	22	29	38	15.8	15	86	52
N线电流(A)	9.4	11.1	10.3	10.5	1	0.4	20	20
零地电压(V)	3	3.8	3.8	3	3.59	4.13	1.3	1.2
备　注					后端基本无负载		UPS端加装过隔离变压器	

根据某单位提供的零地电压数据汇总(表 8-3),只有 21F 的 01、02 机柜的零地电压满足要求。2F 的 4 个机柜和 3F 的 2 个机柜均不满足《电子信息系统机房设计规范》规定的要求。

为此,需对该问题做一分析。

低压交流供电系统产生零地电压过大的主要原因有:

(1) 三相电路负载分配严重不平衡。三相电路负载的不平衡会造成零线电流过大。由于零线存在着阻抗,零线电流会在阻抗上产生电压降。这样,零线上远离进线端的点,相对于地电位就可能产生较高的零地电压。

(2) 三相不平衡且零线断线或接地不良导致中性点位移。这时,各相负荷所承受的电压变大或变小,中性点电位也发生变化。

(3) 零线中有较多的高次谐波电流通过。供电系统中的谐波电流通过电网会在阻抗上产生谐波压降,从而导致谐波电压的产生,使零地电压抬高。

(4) 磁场干扰。当零线与其他线路构成较大回路,且受磁场干扰,零线中会产生感应电压。这在零线线缆较长时表现更为明显。

(5) 接地电阻不符合要求。若接地电阻太大或与大地接触不良,受电流在接地电阻上产生电压降的影响,零地电压也可能会抬高。

(6) PE线中存在有较大的接地电流。

在工程中,当零地电压过高时,首先要查找原因,在可能的情况下予以排除。如遇无法控制零地电压的情况时,为保证控制系统的可靠运行,可以在每个机柜交流电源的输入端设置功率相当的隔离变压器,隔离交流电源输入和输出之间的电气连接,以减小隔离变压器输出端的零地电压。

8.2 信号的隔离

所谓信号隔离系指信号在传输过程中,在信号的发送端和接收端之间建立一道屏障,在屏障的两端之间没有电流穿越,但信号可以通过。

由于隔离器具有使其输入/输出在电气上完全隔离的功能,对模拟量而言,输入/输出之间没有共同的“地”,外来信号不管是0~10 V或带着10 V干扰(如地电平)的10~20 V,经隔离后均为0~10 V,即隔离后新建立起来的“地”与原有的外部设备的“地”之间没有关系。正是这个原因,从而实现了输入到控制系统的多个外接仪表之间的信号隔离,它们之间既没有“地”的联系,又避免通道间通过公共阻抗的耦合使信号受到污染。

一般而言,所谓“信号通道隔离”系指:

(1) 每一个输入(出)信号和其他输入(出)信号的电路是隔离的。

(2) 通道间没有地的联系。

(3) 每个通道的电源是独立且相互隔离的(如DC/DC隔

离器)。

采用信号通道隔离的I/O模块可以避免因其中一个信号通道的故障而影响相邻通道的正常工作;同时也可以避免通道间通过公共阻抗的耦合使信号污染。

就隔离而言,有多种用途,如信号的传输隔离、信号的转换隔离、信号的分配隔离、信号的安全隔离等。下面分别简述。

8.2.1　信号的传输隔离

为防止在信号的传输过程中,由于电磁干扰或对地形成的环路(即共模干扰)造成的噪声会使信号丢失或失真,故在信号的发送端和信号的接收端之间进行的隔离称作信号的传输隔离。如图8-3所示的隔离,它既消除因电位差形成的对地环路,又由于隔离器电感的作用,抑制了信号中的高频成分。

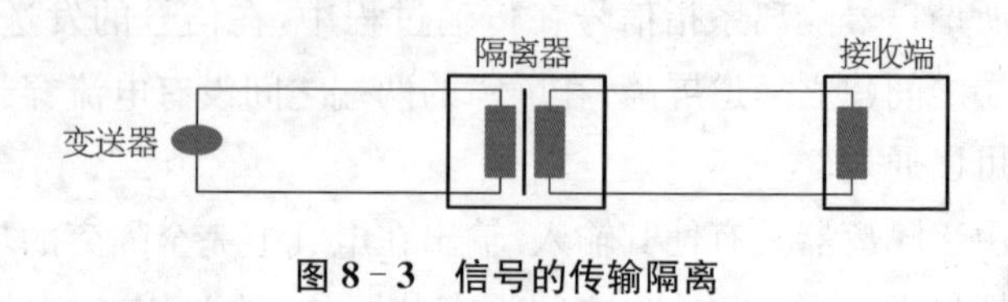

图8-3　信号的传输隔离

8.2.2　信号的转换隔离

所谓信号的转换隔离系指在信号的传输通道上将一种信号转换为另一种信号,以便与I/O卡件进行信号匹配或阻抗匹配。信号的转换见表8-4,可以将表中任意一种输入转换成任意一种输出。此外作为输入/输出信号的还有频率、交流电压和电流信号等。

在选用该类隔离器的时候,必须要注意输入/输出阻抗的匹配。例如某型号的0～75 mV/4～20 mA隔离器,输入阻抗要大于100 kΩ,输出负载电阻最大为500 Ω。

表 8-4 信号转换表

输入	输出	输入	输出
0～75 mV 0～10 V −10～10 V 0～5 V	0～75 mV 0～10 V −10～10 V 0～5 V	0～10 mA 4～20 mA 0～20 mA	0～10 mA 4～20 mA 0～20 mA

8.2.3 信号的分配隔离

为扩大信号传输通道的数量，将一个信号分为两个大小相同又互相隔离的信号供不同负载使用，以扩大信号传输通道的数量，而且彼此互不影响，这就是信号的分配隔离（图 8-4）。

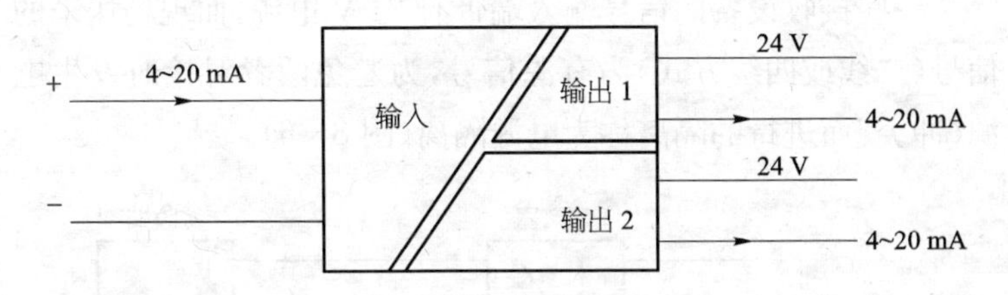

图 8-4 一进二出信号分配隔离器

虽然一个 4～20 mA 的信号用串联的方法也可以带动两个负载，但这样会带来两个问题：

(1) 万一信号连线的中间断开，那么两个负载将同时失去信号。

(2) 一个 4～20 mA 的信号在阻抗匹配上不一定能带动两个串联的负载。

而信号的分配隔离就能克服上述的问题。

8.2.4 信号的安全隔离

为防止因误接线或其他原因，将危险电压窜入 I/O 卡而将卡件烧坏，故对信号进行安全隔离。例如某型号的超声波流量计，由于 AC 220 V 的电源端子和信号输出端子紧挨在一起，为安全起见可采用全隔离交流电压信号变换器(图 8-5)。

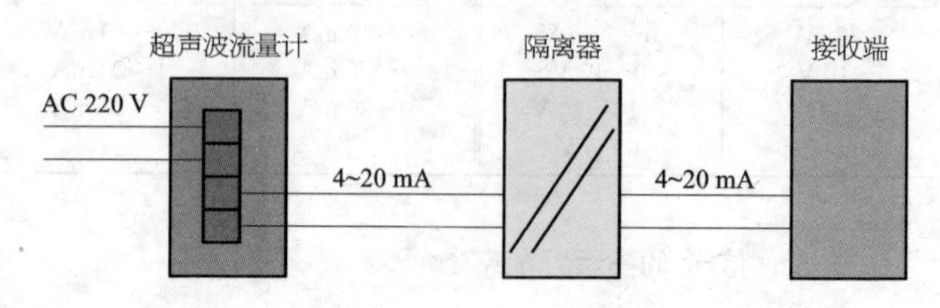

图 8-5　信号的安全隔离

8.2.5　电源隔离

一些接收设备的信号输入端带有 24 V 电源，而现场送来的信号(二线或四线方式)为有源信号，为避免两者对接时发生电源"冲突"而进行的隔离称为电源隔离(图 8-6)。

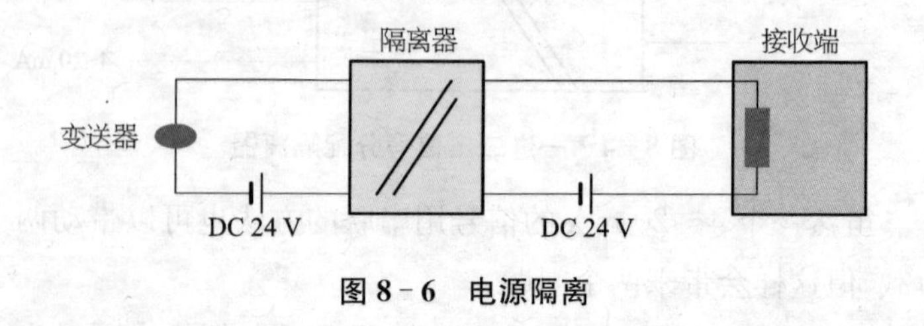

图 8-6　电源隔离

8.2.6　隔离精度

如果模拟量 I/O 卡本身的精度为 A，隔离器的精度为 B，则使用隔离器后，模拟量信号的精度变为 C，它们之间的关系应符合概率统计估计：

$$C=\sqrt{A^2+B^2} \tag{8-2}$$

例如某模拟量信号 I/O 卡的标称平均精度为量程的 ±0.2%，若隔离器的使用精度也为 ±0.2%的话，则总的信号精度将降低到±0.28%，尚可接受。如隔离器的使用精度降低为±0.25%的话，则总的信号精度将降低到±0.32%，略大了点。如隔离器的使用精度降低为±0.5%的话，则总的信号精度将降低到±0.54%，太大了点。

所以在使用隔离器时，必须要估计到它对精度带来的影响。

8.2.7 无源隔离器和信号的驱动能力

一般的隔离器需要提供电源。而无源隔离器的最大特点在于它不需要外接电源，这在带来简捷可靠的同时，也会带来使用上的局限。如对4～20 mA信号进行隔离传送，从另一个意义上讲也是功率传送，通过无源隔离器会增加信号源的功率损耗，因为无源隔离器本身所需的能量源自信号本身。损耗的增加表现在输入端和输出端电流/电压乘积的差值上。以隔离器的负载电阻 $R_L = 250\ \Omega$ 为例，当输出为20 mA时，输出端250 Ω上的电压为5.0 V，而此时隔离器输入端的两端电压经测试为8.8 V。计算表明，信号源增加的损耗等于 $20\ \text{mA} \times (8.8\ \text{V} - 5.0\ \text{V}) = 76\ \text{mW}$。从使用角度看，假若隔离器输出端的负载电阻 R_L 等于250 Ω，那么从隔离器输入端看进去的等效电阻的最大值为 $8.8\ \text{V}/20\ \text{mA} = 440\ \Omega$。换言之，在这种情况下，输入为4～20 mA的信号源必须具有驱动440 Ω负载的能力，才能保证无源隔离器其输出端负载电阻 R_L 等于250 Ω时的正常工作（图8-7）。

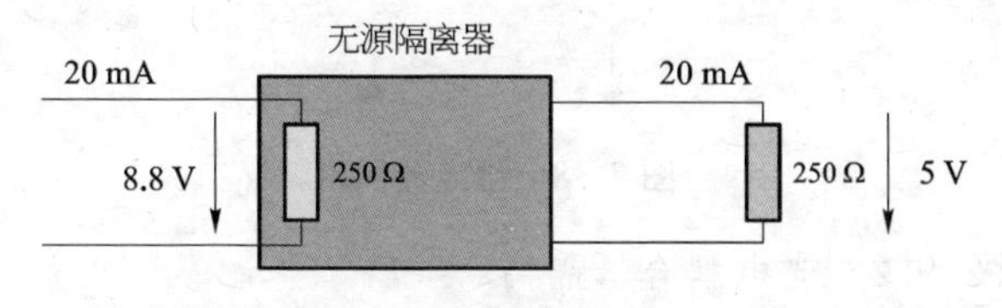

图8-7 无源隔离器

8.2.8 隔离器的响应时间

在高速的控制过程中使用信号隔离器，必须要考虑信号隔离器的响应时间对控制过程的影响。响应时间一般是微秒级至毫秒级。

8.2.9 开关量的隔离

开关量的隔离可以采用继电器、光电耦合器等方法。隔离性能的好坏，可以用下列指标来衡量：

(1) 隔离器其现场侧和系统侧之间的隔离电压，如 AC 500 V试验电压，1 min 内应不出现击穿或飞弧。

(2) 隔离通道间的隔离电压，如 AC 500 V、DC 500 V、AC 1 500 V，试验时，1 min 内应不出现击穿或飞弧。

8.2.9.1 继电器隔离

图 8－8 的继电器可用于开关量输入或输出的隔离。继电器的输出接点可以是常开、常闭或转换接点。继电器的输出接点的数量可以扩展，以供多种需要。

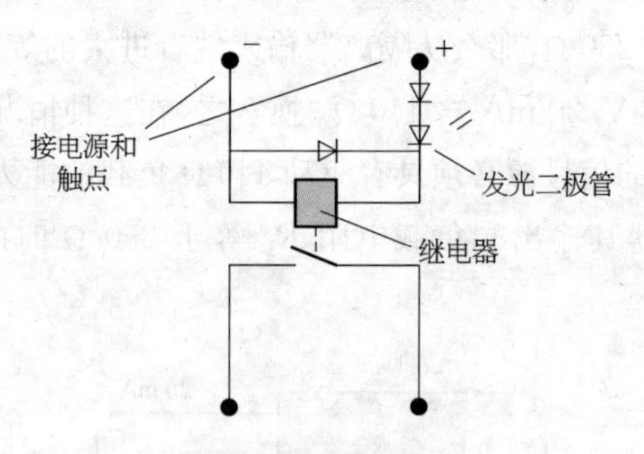

图 8－8 继电器隔离

8.2.9.2 光电耦合器隔离

继电器隔离虽然简单，但存在如下缺点：

(1) 污染周围的电磁环境。

(2) 动作时间在 10 ms 左右(而光电耦合器是 μs 级的)。

(3) 最高的动作频率仅 70 Hz(光电耦合器可达 10 000 Hz)。

(4) 机械寿命不到 1×10^6 次。

所以采用光电耦合器隔离有它更多的优点。图 8－9 是一种光电耦合器的基本原理。

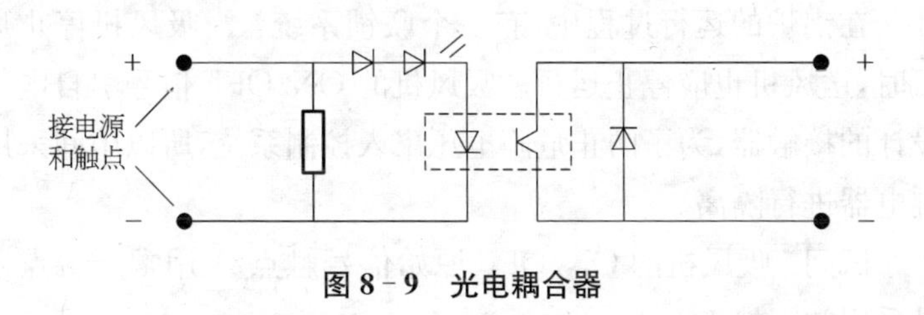

图 8－9 光电耦合器

8.2.9.3 隔离开关放大器

如图 8－10 所示的隔离开关放大器功能是:

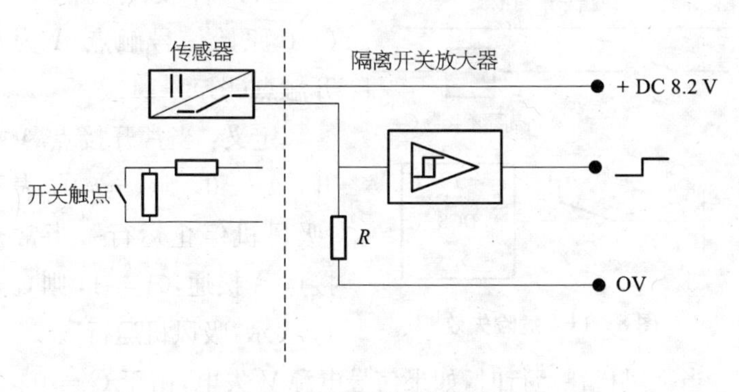

图 8－10 隔离开关放大器

(1) 在输入和输出回路之间、输入回路和电源之间、输出回路和电源之间实现电隔离。

(2) 可以将开关量信号从具有爆炸危险的区域传送到安全区,即实现本质安全输入回路。

其原理是: DC 8.2 V 的直流电源在输入回路中给传感器

供电，电阻 R(1 000 Ω)用于监控此电压下流经传感器的电流，当传感器(电感式接近开关)检测到物体接近时，发生阻尼震荡，输入回路的电流发生变化，当电流变化到已定义好的开关位置时，将放大器触发，从而将模拟量信号转换成开关信号。该隔离开关放大器也可以使用机械触点作为输入设备。

8.2.9.4　一个应用实例所带来的思考

在锅炉的运行过程中，有一个联锁系统：当吸风机停止运行时，送风机也应停止运行。吸风机的 ON/OFF 信号引自电气设计的接触器，为了防止危险电压窜入控制系统，所以中间采用继电器进行隔离。

试问：吸风机的 ON/OFF 原始信号触点 A 用常开触点还是采用常闭接点?

下面分两种情况进行讨论。

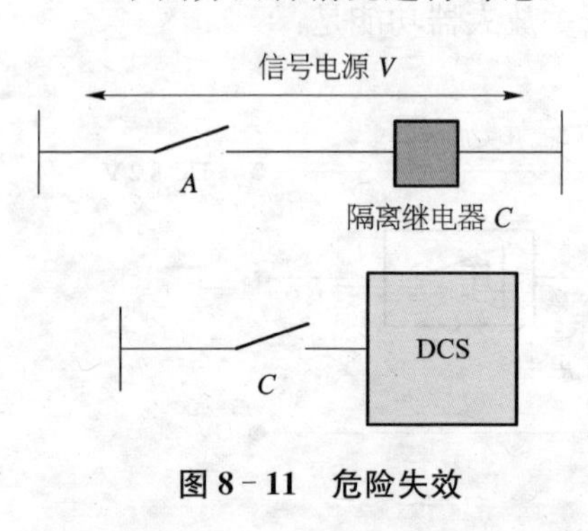

图 8-11　危险失效

(1) 若吸风机的 ON/OFF 原始信号触点 A 为常开触点(图 8-11)。

定义：当常开接点 A 断开，$A=0$，则 $C=0$，表示“吸风机停止运行”；当常开接点 A 接通，$A=1$，则 $C=1$，表示“吸风机运行”。

当吸风机在运行时，如果信号电源 V 失电，由于 $C=0$，会给控制系统一个虚假的“吸风机停止运行”，产生联锁误动作——送风机紧急停车。这种误动作被称为“危险失效”。

(2) 若吸风机的 ON/OFF 原始信号触点 A 为常闭触点(图 8-12)。

定义：当常闭接点 A 断开，线圈 $A=1$，则 $C=0$，表示“吸风机运行”；当常开接点 A 接通，线圈 $A=0$，则 $C=1$，表示“吸风机停止运行”。

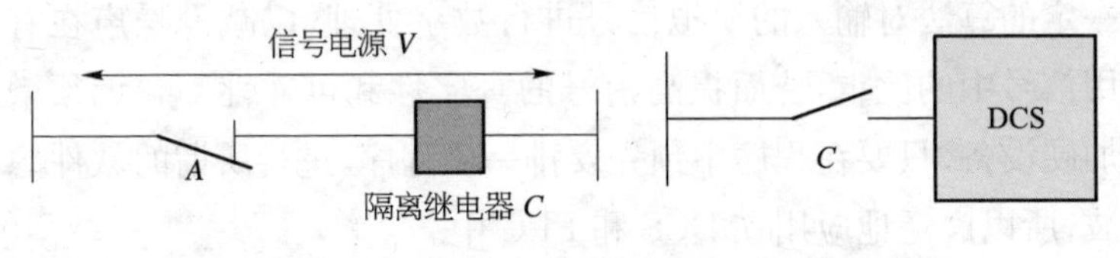

图 8-12 安全失效

当吸风机在运行时，信号电源 V 失电，由于 $C=0$，仍然表示“吸风机在运行”，不会产生联锁动作——送风机紧急停车。这被称为“安全失效”。

由此可见，在信号联锁系统中，若进行开关量隔离，原始信号触点宜选用常闭接点，因它相对于信号电源的故障具有固有的安全失效性能。

8.3 I/O 信号的数字滤波

和控制系统相连接的各类信号传输线，除了传输有效信号外，总会有外部干扰信号的侵入。本节就如何通过软件、硬件等滤波措施来抑制这些业已进入到信号线路内的外部噪声。

8.3.1 模拟信号的数字滤波

抑制由导线直接传导的噪声的最常见的方法是串接滤波器。滤波器是一种让给定频率的信号通过，而对其他频率成分产生很大衰减的电路，如低通滤波器(LPF)、高通滤波器(HPF)和带通滤波器(BPF)等。还有与带通滤波器作用相反的叫带阻滤波器(BEP)。每一种滤波器又有 T 形和 π 形之分以及无源和有源(利用反馈放大器)之分。它们都是由电容和电感组合而成，这是大家熟悉的，也是许多参考书上常介绍的内容。由于它的插入损耗大，会对信号产生较大的衰减，故限制了它在控制工程上的应用。此外，常用的所谓数字滤波就是在控制系统中用一定的算法对输入的模拟信号进行数字处理，以减少噪声在有用信号中的比重，从而提高信号的真实性和可靠性。它无须增加硬设备，只要在程序中预先安排一段程序，进行所谓的软件滤波，所以广泛地应用在 DCS 和 PLC 中。

常用的数字滤波方法有平均值滤波法、中值滤波法、限幅滤波法和惯性滤波法。

(1) 平均值滤波法。平均值滤波法就是将某信号 y 的 m 次采样值，进行算术平均后作为某时刻 n 的输出：

$$\bar{y}=\frac{1}{m}\sum_{i=1}^{m}y(n-i) \tag{8-3}$$

其中采样次数 m 的选择和采样时间的大小有关，它决定了信号的灵敏度和平滑度。m 值大，平滑度提高，但灵敏度降低。

通常，流量信号的 m 值可取 10，压力可取 5，温度可取 2。平均值滤波法一般适用于处理周期性的噪声，对脉冲式噪声的滤波效果不太理想。

(2) 中值滤波法。中值滤波法是对被测参数连续采样 m 次 $(m>3)$，按采样值的大小顺序排列，舍去 1/3 个大数和 1/3 个小数，将居中的 1/3 个数进行算术平均后作为输出。这种滤波法对脉冲干扰信号有较好的抑制效果。

(3) 限幅滤波法。由于大的噪声会使采样数据偏离实际值太远，所以可以采用上、下限幅的方法进行滤波，即：

当 $y(n)\geqslant y_H$ 时，$y(n)=y_H$ (上限值)；

当 $y(n)\leqslant y_L$ 时，$y(n)=y_L$ (下限值)；

当 $y_L<y(n)<y_H$ 时，则取 $y(n)$ 值。

也可以用限制变化率的方法进行滤波，即：

当 $|y(n)-y(n-1)|\leqslant\Delta y_0$ 时，则取 $y(n)$；

当 $|y(n)-y(n-1)|>\Delta y_0$ 时，则取 $y(n)=y(n-1)$。其中 Δy_0 为两次相邻采样值之差的可能最大变化量，它的选取取决于采样周期和被测参数 y 应有的正常变化率。

限辐滤波法适用于对大噪声进行滤波。

(4) 惯性滤波法。该滤波法是将输入信号经过一个放大系数为 1 的一阶惯性环节的软环节：

$$\frac{Y(S)}{X(S)}=\frac{1}{TS+1} \tag{8-4}$$

将式(8-4)展开为差分方程后：

$$T\frac{\Delta y}{\Delta t}+y_n=x_n$$

$$T\frac{y_n-y_{n-1}}{\Delta t}+y_n=x_n$$

$$y_n=\frac{\Delta t}{T+\Delta t}x_n+\left(1-\frac{\Delta t}{T+\Delta t}\right)y_{n-1}$$

令
$$\beta=\frac{\Delta t}{T+\Delta t}\ (0\leqslant\beta\leqslant 1)$$

则
$$y_n=\beta x_n+(1-\beta)y_{n-1} \tag{8-5}$$

式中 β——滤波系数；

Δt——采样周期；

T——滤波时间常数；

x——采样值；

y——滤波值。

β 值愈大，表示本次采样值在滤波值中所占的比例愈大。适当选择 β 使被测参数既不出现明显的纹波，反应又不太迟缓。

惯性滤波法适用于对周期性的高频噪声进行滤波。

上述四种数字滤波方法也可以同时采用。如先用中值滤波法得到 m 个滤波值，再对这 m 个滤波值进行算术平均，滤波效果会更好。

这里必须提醒的是，数字滤波只是通过采样以避开外界噪声的一种方法。如果外界噪声的能量大到足以损坏设备，无论是模拟量的数字滤波还是下面要介绍的开关量信号的采样滤波，都是无能为力的。

8.3.2　开关量信号的采样滤波

在实践应用中，为了消除噪声，准确地获得真实可靠的信号，有时也需要对开关量进行采样滤波。开关量的采样滤波是通过软件来实现的，它实际上就是通过对输入信号进行延时再确认的方法来进行的。

其过程是当某一控制信号出现时，先将它记忆，经过相应的时间延时，对这个信号进行再检查，如果仍然存在，就认为它为“真”，如果再检查后信号已消失，就确认它为“假”，将其舍弃。其真值表见表 8-5。

表 8-5　开关量信号滤波真值表

第一次采样信号状态	第二次采样信号状态	滤波结果
0	0	0
0	1	保持原来滤波结果
1	0	保持原来滤波结果
1	1	1

被滤波的信号为常“1”状态，可以检查其“0”状态；如果被滤波的信号为常“0”状态，可以检查其“1”状态。延时时间可以用定时器来实现，也可以利用 PLC、DCS 的周期扫描时间来实现。

无论用定时器或者用 DCS、PLC 的周期扫描时间，它们都必须小于被滤波信号正常存在的最短时间，否则信号将会丢失。

如来自某输入开关信号 a 的有效动作状态为“1”，利用 PLC 或 DCS 的周期扫描时间 T 对它进行滤波处理，以消除尖峰干扰因素，可利用如图 8－13 所示的梯形图。

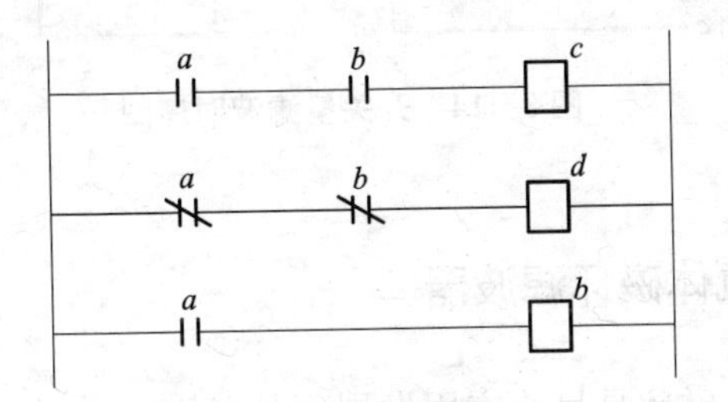

图 8－13 扫描梯形图

众所周知，在一个扫描周期内，梯形图的扫描顺序是从左上角开始，先按列从上到下，再从左往右进行的。在该梯形图中，如某一时刻，输入触点 a 由“0”变成“1”，由于在头一个扫描周期内，线圈 b 虽然被置位，但是在梯形图第一行上的触点 b 仍为“0”；到下一个扫描周期，如果输入触点 a 的状态仍为“1”，此时第一行上的触点 b 已为“1”，则线圈 c 被置于“1”，如果此时输入触点 a 的“1”状态丢失，线圈 c 不会被置于“1”，这样就对输入触点 a 的正向干扰起到了滤波作用，对输入触点 a 的负向干扰也同样可以滤波。b 为中间暂存信号，c 和 d 为一对反相的滤波结果信号。

开关量滤波时序图如图 8－14 所示（每格为一个扫描周期）。

这种用周期扫描时间的滤波方法可以消除小于一个扫描周期的干扰脉冲信号。在响应时间允许的前提下，为确保开关量输入信号的正确无误，排除偶尔因受电磁干扰而产生的错误信息，可以采用多次读入比较的方法。

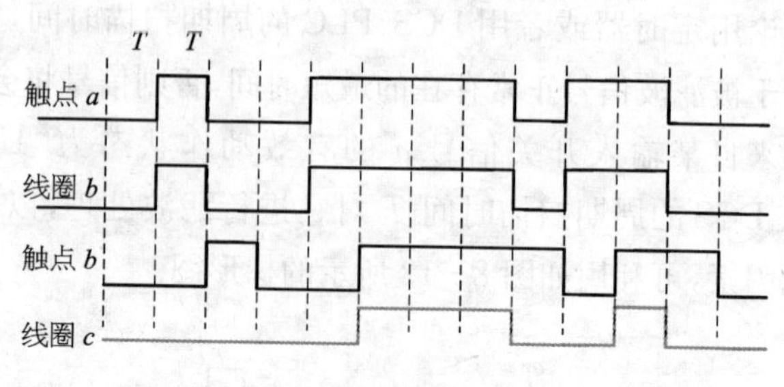

图 8－14 开关量滤波时序图

8.4 铁氧体磁环滤波器

铁氧体磁环是目前应用发展很快的一种滤波元件，由于它价格低廉、使用方便，可以有效抑制和阻尼电路中的开关瞬态或高频噪声的进出，所以被广泛地应用在电子系统中。

无论是电源线、I/O 信号线或者通信线，只要将磁环套在导线外面就可以了。当导线中流过的电流穿过铁氧体磁环时，铁氧体对低频电流几乎没有什么阻抗，而对较高频率的电流却会产生较大的衰减作用。高频电流在铁氧体内以热量的形式散发，其等效电路相当于一个电感 L 和一个电阻 R 的串联(图 8－15)，L 和 R 值的大小均正比于铁氧体磁环的长度。

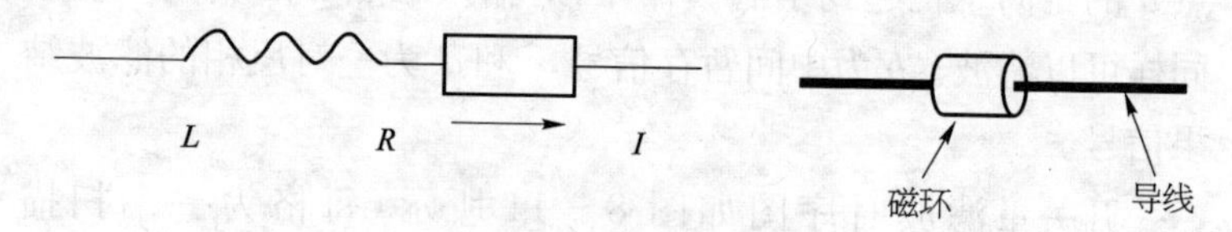

图 8－15 铁氧体磁环

铁氧体磁环的阻抗可以表示为

$$Z=\sqrt{R^2+(2\pi fL)^2} \tag{8-6}$$

式中 R——铁氧体磁环的等效电阻；

L——铁氧体磁环的等效电感；

f——频率。

设 Z_a 为信号源阻抗，Z_f 为铁氧体磁环的阻抗，Z_b 为负载阻抗。根据图 8-16，线路在未接磁环滤波器前，负载上的电压为

$$U_2 = \frac{Z_b}{Z_a + Z_b} U_s \tag{8-7}$$

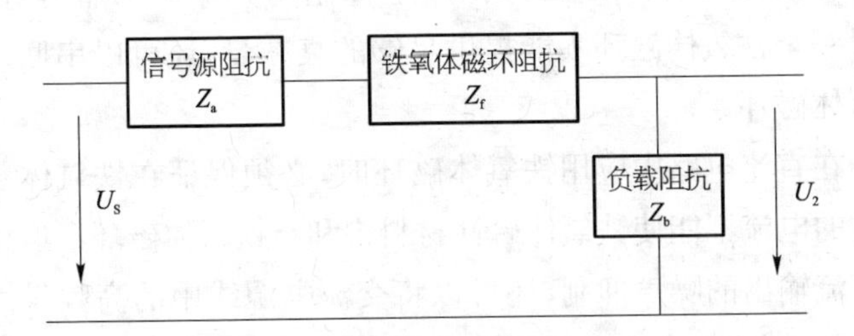

图 8-16 铁氧体磁环所产生的衰减量

接了磁环滤波器后，负载上的电压为

$$U'_2 = \frac{Z_b}{Z_a + Z_f + Z_b} U_s \tag{8-8}$$

磁环滤波器对高频噪声的抑制能力可以用插入损耗 IL 来表示：

$$IL = 20\lg \frac{U_2}{U'_2} = 20\lg(Z_a + Z_f + Z_b)/(Z_a + Z_b) \tag{8-9}$$

在需要的频率段，磁环阻抗要大于信号源阻抗和负载阻抗，所以插入损耗 IL 可近似为

$$IL = 20\lg[Z_f/(Z_a + Z_b)] \tag{8-10}$$

式(8-10)说明：铁氧体磁环所产生的衰减量还取决于含

有铁氧体磁环的电路的信号源阻抗和负载阻抗的大小。为了达到衰减抑制的效果，在需要抑制的频率上，铁氧体磁环必须能够给电路提供一个相当大的阻抗。如果负载阻抗较高，那么需要在负载阻抗上并联一个电容以降低负载阻抗的大小，这样就可以提高铁氧体磁环的滤波效果。

通常，单个铁氧体磁环可提供的阻抗一般在 100 Ω 左右，所以它在诸如通信、I/O 信号回路上抑制高频噪声都非常有效。如果一个铁氧体磁环不能提供足够的衰减量，还可以串联多个铁氧体磁环。

在直流电路中应用铁氧体磁环时，必须保证在铁氧体磁环通过的电流不能使铁氧体磁性材料饱和。铁氧体磁环不但可用于直流输出的噪声抑制，还可以将交流电源线中的高频噪声滤除。不过此时，在大电流的情况下，必须要考虑铁氧体磁环的散热问题。

图 8－17 是两种型号铁氧体磁环的频率-阻抗关系。由图可知，1 号铁氧体磁环在 1～100 MHz 频段内呈电阻特性；而 2 号铁氧体磁环在这个频段内呈电感性。

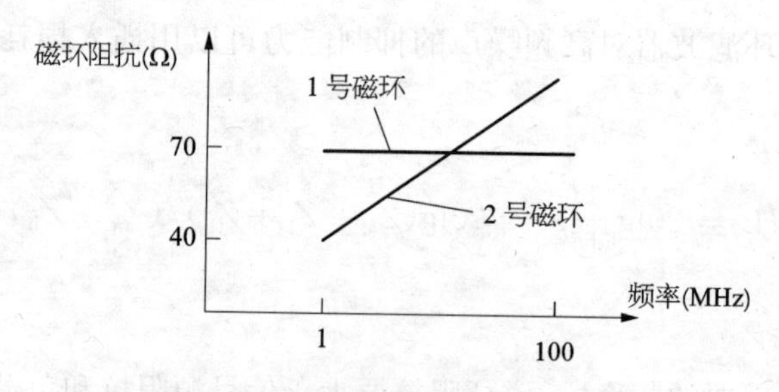

图 8－17　两种铁氧体磁环的频率-阻抗关系

近来有一种由两个半圆筒形的铁氧体铁心合起来夹住一根导线的磁环，在工程上使用十分方便。此外，还有一种非晶型磁环的产品，它与铁氧体相比，不容易磁饱和，而且磁导率也大，高频噪声的滤波效果更好。

图 8－18 为磁环作为大电流开关电源滤波器的应用实例。图 8－19 为磁环作为直流电机控制回路抑制高频辐射噪声的应用实例。

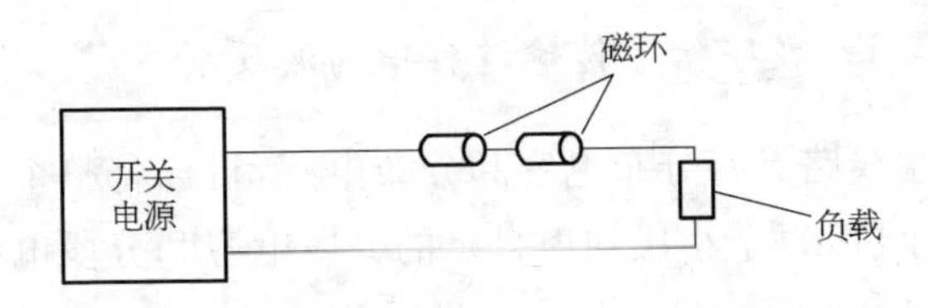

图 8－18　磁环作为大电流开关电源的滤波器

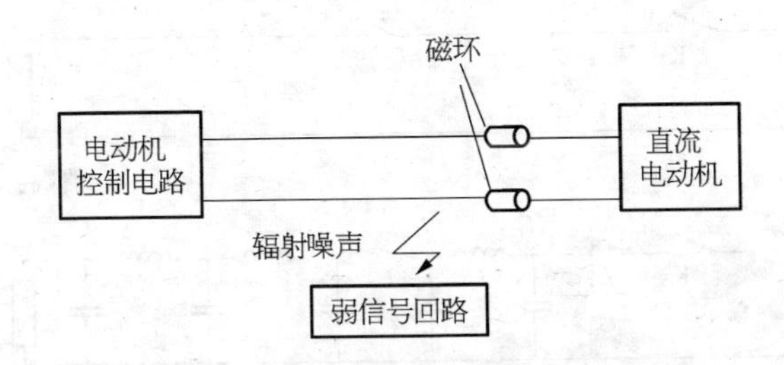

图 8－19　磁环作为直流电机控制回路抑制高频辐射噪声的应用实例

8.5 长线传输干扰的抑制

所谓长线是相对于运算速度而言，对于纳秒(ns)级的数字电路，1 m 左右的连线就可当作长线来看待。

信号在长线中传输会遇到三个问题：

(1) 因为线“长”，容易受到外界的干扰。

(2) 由于传输线中的分布电容和分布电感，会使信号在传输过程中产生波反射，造成波形畸变或产生噪声脉冲，导致控制系统误动作。

(3) 会使信号延时。如果电信号按行波的传输速度 1.5×10^8 m/s 计算，则信号通过 5 m 长的导线需要 34 ns，这对高速电路来讲，其影响是不可忽视的。

现简要介绍波反射的基本原理和抑制方法。

8.5.1 数字信号传输过程中的波反射

传输线路具有分布电容和分布电感，可以将整个电路分成 n 个小段，每个小段均由自己的分段电容和分段电感组成(图 8－20)。

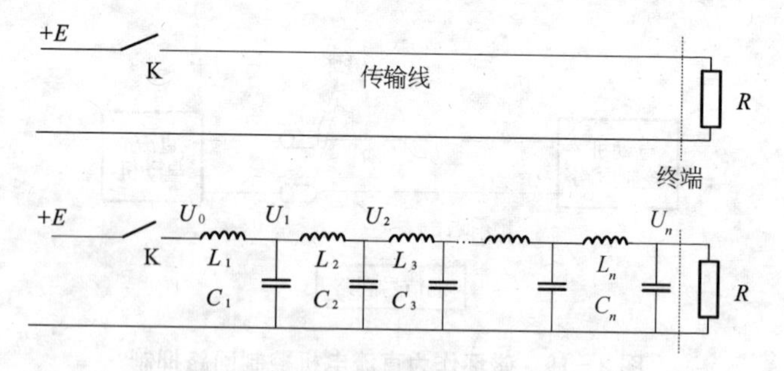

图 8－20 数字信号传输过程中的波反射

因为电感阻碍电流突变，电容阻碍电压突变，所以当 K 合上时，并不是整个传输线上所有各点都同时达到电压的定值 E 和电流的定值 I。而是像电压波和电流波那样按相同的速度向终端推进。

电流波的大小取决于传输线本身的特性 L 和 C，与终端的负载 R 无关，只有当电流波到达终端时，因 R 的大小，会产生各种不同的波反射。

8.5.2 终端开路时的波反射

幅度为 E 的电压波和幅度为 I 的电流波，其波前达到传输线的终端时,最后一小段的分布电容 C_n 充电完毕, $U_n = E$, 这时整个传输线上的电压都为 E,电流都是 I。

由于终端开路,电流不能向前流动;因电感是储能元件,故电感 L_n 上已经建立起来的电流不会立即消失,它继续向 C_n 充电,使得 C_n 上的电压继续上升到 $2E$,而电感 L_n 上的电流也下降到零。接着倒数第二段也出现类似现象。

这样下去,就好像有一个幅度为 $+E$ 的电压波和一个幅度为 $-I$ 的电流波从传输线的终端反射回来,分别叠加在原来的电压波和电流波上(表 8-6)。

表 8-6 数字信号的波反射

传输波		终端开路时	终端短路时
电压波	入射波	$+E$	$+E$
	反射波	$+E$	$-E$
	合成的行波	$+2E$	0
电流波	入射波	$+I$	$+I$
	反射波	$-I$	$+I$
	合成的行波	0	$2I$

可见,这种反射波的波前所到之处,电压变为 $2E$,电流为零,而波前未到之处,仍然为 E 和 I。

8.5.3 终端短路时的波反射

当入射波接近到达终端时,因终端短路导致电压始终为零,于是在 L_n 上加有一个电压 U_{n-1},它的作用是使 L_n 中的电流在 I 的数值上继续增大,新增加的部分电流实际上就是 C_{n-1} 上的放电电流。当 C_{n-1} 上的电流全部放完, $U_{n-1} = 0$, L_n 中的电流为 $2I$。接着, C_{n-2} 将通过 L_{n-1} 放电,使得 $U_{n-2} = 0$, $I_{n-1} = 2I$。

如此继续下去,就相当于有一个幅度为 $-E$ 的电压波和一

个幅度为 $+I$ 的电流波从短路的终端反射回来，分别与入射的电压波和电流波叠加。反射波所到之处，电压变为零，电流为 $2I$，而波前未到之处，仍然为 E 和 I（表 8-6）。

8.5.4　终端电阻的匹配

波反射会造成信号波形的畸变，甚至导致产生噪声脉冲，使电路误动作。所以如何避免产生波发射便成了抗干扰的一个措施。

产生波反射的根本原因是信号线上存在着分布参数 L_0（单位长度电感分布量）和 C_0（单位长度电容分布量）。但这又是不可避免存在的分布参数。通常把 $\sqrt{L_0/C_0}$ 称为传输线的特性阻抗。

问题就归结为能否在终端接一个电阻 R，使得它等于传输线的特性阻抗。这样，当入射波到达 C_n 时，电流对 C_n 进行充电的同时，有一部分被电阻 R 所分流。在电阻 R 上产生的电压降为 $E = RI$，这样在和传输线上建立的电压是一致的，这时就不会产生波反射。这就是所谓"终端匹配"。

同轴电缆的特性阻抗为 50～100 Ω 等。双绞线的特性阻抗为 100～200 Ω。绞距愈小，阻抗愈低。

当终端电阻不完全匹配时，反射情况会来回于终端和始端之间，形成多次反射。反射的幅度一次比一次小，最后反射波幅度与信号相比可忽略不计时，认为就达到稳定。

8.5.5　抑制波反射的几种匹配措施

上述的终端电阻匹配因为简单，被广泛采用。但也有一定的不足：

(1) 终端波形和始端波形虽然一致，但在时间上滞后了。

(2) 波形幅度明显减小。

所以又提出了许多改进方法，如分压电路式的终端匹配法、二极管终端匹配法、IEEE 488 标准总线的分散匹配法、始端匹配法等。

9

控制系统的静电防护

人类对电磁现象的认识是从研究静电现象开始的。早在几千年前古希腊人就发现了琥珀经摩擦后会吸附轻小物体。直到1785年库仑发现了静电学的基本定律——库仑定律,对静电的研究才真正走上科学的道路,成为经典的静电学。

1907年卡特尔研制成功世界上第一个可实际应用的静电除尘器(捕集硫酸酸雾)后,静电除尘、静电喷涂、静电净化、静电复印等一系列静电应用技术有了很大的发展,创建了静电工程学。又由于在静电的放电过程中有集中的瞬间大电流通过,导致易燃易爆物质的燃烧和爆炸,所以20世纪以后在发展静电工程学的同时,也开始发展和建立静电防护工程学。

1984年M. Honda首先指出间接静电放电(ESD)会形成强电磁脉冲,产生频谱很宽的电磁辐射场,对微电子设备造成严重的电磁干扰和浪涌效应,是一种新的电磁干扰源。至此,静电的防护研究的重点开始从引起燃烧、爆炸灾害事故的防护转向研究静电放电辐射场引发的电磁干扰及相关危害。特别在随着微电子技术的发展,大规模集成电路的绝缘层越来越薄,其互连导线的宽度和间距也越来越小,抑制过电压能力愈来愈差,静电构成的威胁也就愈来愈大。

静电、雷击电磁脉冲和电快速瞬变脉冲群(简称“群脉冲”)是对控制系统构成威胁最大的三种电磁干扰。后两种电磁干扰通常是通过外部电缆从I/O端口、通信端口以及电源和接地等端口进入控制系统的，而且发生的概率也较低。而静电则不然，控制系统面临的最大的静电源是人体，通过人体与控制系统的触摸，可以有多种路径进入系统而又不立刻被人们所察觉，它不仅发生的概率高，其危害和产生危害的机理要远复杂于雷击电磁脉冲和群脉冲。从20世纪90年代开始，国内外许多标准均将静电放电作为重要的电磁环境因素之一，和雷电等电磁干扰按电磁兼容(EMC)的研究内容统一考虑。

控制系统的静电防护一方面有待于提高控制系统本身的静电抗扰度，这是属于产品的设计制造问题；另一方面，又必须通过在工程上采取一系列的防护措施来保证控制系统的正常运行。

9.1　静电放电的特点

静电起电的最常见原因是两种材料体的接触和分离。当两种物体互相摩擦时，由于电子和离子的亲和性不同，会在两个物体间引起电子和离子的移动，形成一方带正电荷，另一方带负电荷，当两物体分开时，会使一部分的正电荷与负电荷再度结合，但最后残留一部分电荷。残留电荷量大，则静电量也愈大，这种残留电荷的多少由该物体的绝缘性能所决定。

此外还有剥离起电、破裂起电、电解起电、压电起电、热电起电、感应起电、吸附起电和喷电起电等静电起电现象。其中所谓感应起电是一个带电体靠近一个中性导体时，那么静电场会使中性导体上处于平衡状态的电荷分离。在距离带电体最近的导体表面上出现与带电体上电荷极性相反的电荷，而在距离带电体最远的导体表面上出现与带电体上电荷极性相同的电荷。

物体的静电的起电、放电一般具有高电位、强电场和宽带电磁干扰等特点。图 9-1 是人体带上不同的静电电压时，静电放电(ESD)的电流波形。从图中可以看出它有如下两个特点：

(1) 由于静电放电是在纳秒或微秒量级的时间内完成的，瞬间峰值电流可达数十安培，所以瞬间的功率十分巨大，所产生的静电放电电磁脉冲其能量足以使电子部件中的敏感元件损坏。

(2) 由于电流波形的上升时间极短，即电流随时间的变化率 di/dt 极大，所以可以感应出几百伏乃至上千伏的高电位，从而产生出强电场将敏感元件击穿。

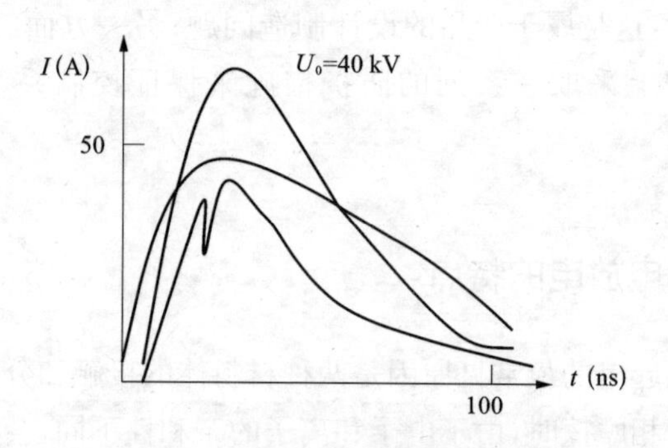

图 9-1　人体上带不同的静电电压时静电放电的电流波形

静电电磁干扰属于宽带干扰，从低频一直到几个吉赫(10^9 Hz)以上。它是属于近场的电磁干扰源。

静电危害源对受害物体的影响，其作用机理除了受库仑力作用的力学效应外，主要是通过能量的直接传导、电容性耦合、电感性耦合和电磁场辐射四种方式发生作用。

(1) 直接传导。指的是静电放电电流直接流过敏感电路，这种方式往往是由于静电放电电流产生的热效应使电路损坏。

由于静电放电是在纳秒或微秒量级的时间内完成的，远小于由于热惯性产生的散热时间，故可以认为是一种绝热过程。作为点火源、引爆源，不仅可瞬时引起易燃易爆气体或物质的燃烧爆炸，也可以使微电子器件、电磁敏感电路过热，造成局部热损伤，使半导体器件的PN结或金属导电层熔化。

(2) 电容性耦合。指的是当静电放电电流对敏感电路附近的金属物体或电路放电时，通过放电产生的电场和敏感电路间产生耦合。静电源形成的电场可以使MOS场效应器件的栅氧化层或金属化线间介质击穿，造成电路失效。CMOS电路极易因静电而损坏，其氧化膜的耐压界限约为80～100 V(VMOS电路仅为30 V)。所以对于带了成千上万伏静电的人一旦接触电路会对器件带来很严重的后果。

(3) 电感性耦合。指的是静电放电在设备的金属外壳等导电材料中引起的强电流所形成的磁耦合，其放电能量虽然不大，但瞬间的功率十分巨大，会对电路和器件产生干扰和危害。

(4) 电磁场耦合。静电放电引起的射频干扰，对信息化设备造成电噪声、电磁干扰，使其产生误动作或功能失效。强电磁脉冲及其浪涌效应对电子设备既可以造成器件或电路的性能参数劣化或完全失效，也可以形成累积效应，埋下潜在的危害，使电路或设备的可靠性降低。

据统计，电子器件的硬件故障，因ESD约占15%。电子器件因ESD的失效模式有：

(1) 突发性失效。包括短路、开路、丧失功能，参数不符合要求，约占10%。

(2) 潜在性失效。即“部分退化”，参数仍符合要求，但抗扰度降低了，造成过早失效，其危害性更大，约占90%。

也有资料把由于ESD产生的效应，分成三类：

(1) 硬损伤。即已造成硬件的实际损坏。

(2) 软损伤。对系统的正常运行有影响,但不会使系统产生物理上的损坏。譬如使存储位的改变和程序进入死循环等。

(3) 短暂状态异常。没有产生任何错误,但能明显地感觉到。例如CRT显示器上的雪花点、图像滚动和指示灯的瞬间闪烁等。

控制系统本身应具有一定的静电抗扰度,加之在工程上采取一定的措施后,通常不应产生硬损伤和软损伤。但一般情况下,短暂状态的异常是可以接受的。

9.2 人体的静电模型(HBM)

根据不同场合静电放电的主要特点,建立相应的静电放电模型,来模拟静电放电的主要特征。其中包括:

(1) 人体模型(HBM)。

(2) 机器模型(MM)。模拟带电导体对电子器件的ESD事件。

(3) 带电器件模型。模拟在生产线上电子器件与工作面、包装材料的接触和摩擦的ESD事件。

(4) ESD家具模型等十多种。

在控制系统的现场,面临的最大静电干扰源是人体。那么人体是如何带上静电的?人体的静电模型又该是如何?现做详细讨论。

人体是通过皮肤和衣服的摩擦,鞋底与地面的摩擦,人体和家具、器具的接触与分离,以及其他的静电感应等途径,让任何带电物体都很容易将自己所携带的电荷转移到导电的人体皮肤层上,使得人体成为控制室内最主要的静电放电源。

一个物体上所积累的电荷一定储存在该物体的电容中。人体既能储存一定的静电电量,人体肯定存在着电容。该电容称为自由空间电容,它的第二平板即地球。

人体的等效电容和电阻如图9－2所示。一个人体在自由空间中的电容约为50 pF。除此以外，人体电容还包括脚底与地面之间的电容(约100 pF)。如果人体接近墙壁等周围的某些物体，还会增加50～100 pF的电容。所以人体电容等于人体自由空间电容与平板电容之和，大小在50～250 pF变化。人体电容也可用经验公式(9－1)表示：

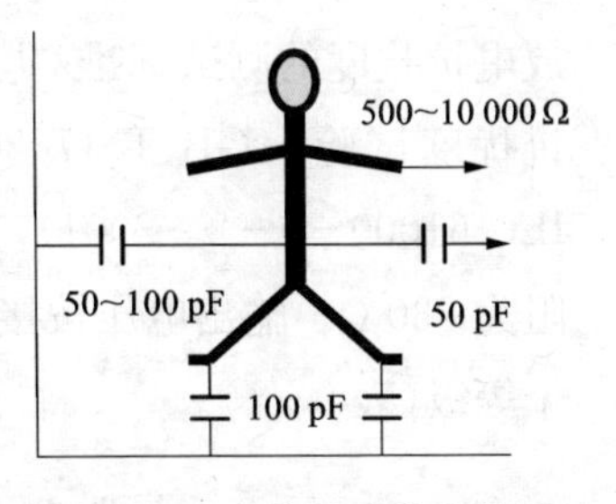

图9－2　人体的电容和电阻

$$C = 0.55H + 0.008KA/t \tag{9-1}$$

式中　C——人体电容(pF)；

H——人体高度(cm)；

K——鞋底材料的介质常数；

A——两只鞋底的总面积(cm^2)；

t——鞋底厚度(cm)。

人体电阻是非线性的，其值约在500～10 000 Ω之间，它和人体产生放电的位置有关。若手指尖放电，人体电阻约为10 000 Ω；若手掌放电，人体电阻约为1 000 Ω；若在手持的金属物体上放电，人体电阻约为500 Ω；若放电发生在较大的金属物体上，人体电阻可以减小为50 Ω。此外，影响人体电阻的因素还有皮肤表面的水分、盐和油、皮肤接触面积和压力等。

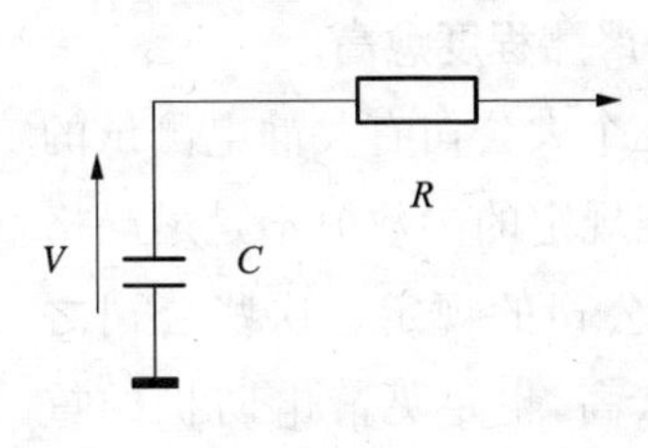

图9－3　人体静电放电模型

图9－3是人体的静电放电模型。电荷储存在人体电容C中，并通过一个等效的人体电阻R产生放电。该图的电路被用于静电枪以模拟人体的静电放电，对控制系统进行静电测试。我国有关静电

放电抗扰度的测试标准《电磁兼容 试验和测量技术 静电放电抗扰度试验》(GB/T 17626.2—2006)(等同采用了国际标准IEC 61000－4－2—2001),其静电模型的电容为150 pF,放电电阻为330 Ω。输出电压按接触放电和空气放电两种情况分为四个等级(表9－1)。

表9－1 静电放电的试验等级

接触放电		空气放电	
等级	试验电压(kV)	等级	试验电压(kV)
1	2	1	2
2	4	2	4
3	6	3	8
4	8	4	15
X	特殊	X	特殊

静电放电的上升沿时间的长短和其能量的大小是决定静电放电严酷度的主要参数。放电产生的能量W(单位：J)可按式(9－2)计算：

$$W = CU^2/2 \tag{9-2}$$

式中 C——人体对地电容(F)；

U——人体静电电压(V)。

上升沿时间的大小和时间常数RC的大小相关。RC愈小或放电的能量愈大,表明静电放电的严酷程度愈高。

表9－2是IEC标准和世界上几个大公司有关静电测试的参数取值,由表9－2可知,IEC标准规定的参数值不是最严格的,特别是放电能量远小于其他诸公司的规定。这些公司之所以将静电防护的严酷度提得那么高,也足见静电防护的重要性。

表 9-2 典型人体静电模型(HBM)的参数取值

来 源	C(pF)	R(Ω)	RC(ns)	U(V)	能量(mJ)
IEC 61000-4-2—2001	150	330	49.5	4 000	1.2
IEC 61000-4-2—2001	150	330	49.5	8 000	4.8
公司 A	250	1 000	250	20 000	50
公司 B	150	500	75	20 000	30
公司 C	50	10 000	500	20 000	10
公司 D	300	500	150	15 000	33.8
公司 E	350	100	35	15 000	39.4
公司 F	100	500	50	10 000	5.0

通常,人体不会感受到静电电压在 3 500 V 以下所产生的放电(只有电压达到 25 kV,人体才会感到疼痛)。由于大多数电子器件对数百伏电压产生的放电都非常敏感,所以元器件的损坏往往来自人们所不能感受到的、听得见的或看得到的静电放电。

9.3 静电防护的软接地

静电是一种发生在材料表面上的现象。电荷存在于材料的表面上,而不是材料的内部。通常,积累在物体表面上的电荷可以有两种释放方式——泄露和中和。泄漏是物体放电的首选方式。

如果将带电导体接地,就能够使带电导体上的电荷泄漏。从表面上看,这和后面章节要讨论的“引雷入地”的原理是一样的。但是静电对地的泄漏,和“引雷入地”有所不同,雷电浪涌是通过控制系统的端口进入系统的,所以必须要在浪涌进入系统前,以最快的速度将其能量释放到“地”。而静电是通过包括人体或控制系统的人机界面等多种路径进入系统的，必须要控制它的泄漏速度以降低它的电流的变化率和瞬间功率。例如，人体手腕套上防静电腕带，必须把泄漏电流限制在人身的安全电流 5 mA 以下，所以防静电腕带需串上一个 1 MΩ 的电阻。又例如，当人体通过控制系统的人机界面将携带的电荷通过控制系统的接地端释放的话，为防止泄漏电流将释放路径附近的元器件损坏，放电也必须缓慢进行，以限制电流。所以在静电防护中有硬接地（也称直接静电接地）和软接地（也称间接静电接地）之分。硬接地为直接与接地体做导电性连接的一种接地方式；而软接地是通过一组已限制静电泄漏电流达到安全值的电阻（或通过材料固有的电阻）连接到接地体的一种接地方式。

通常，物体上携带的静电荷需要经过一段时间才能逐渐消失。可以证明，带电体上的电荷是随时间按指数规律衰减的，即：

$$Q = Q_0 e^{-\frac{t}{\tau}} \tag{9-3}$$

式中　Q——电量(C)；

Q_0——$t=0$ 时，带电体上的初始带电量(C)；

τ——介质的放电时间常数(s)；

t——时间(s)。

介质的放电时间常数 τ 的物理意义是电荷量衰减到起始值的 36.8%所需要的时间。衰减曲线如图 9-4 所示。

又因为

$$\tau = \rho\varepsilon \tag{9-4}$$

式中　ρ——静电泄放通道材质的体积电阻率(Ω·m)；

ε——静电泄放通道材质的介电常数(F/m)。

由于体积电阻率 ρ 的变化范围远大于介电常数 ε 的变化范

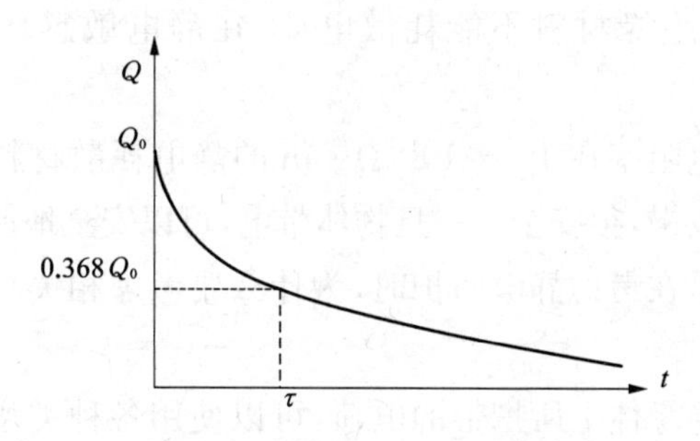

图 9-4　带电体电荷的衰减曲线

围,所以对衰减时间 τ 起主要作用的是静电泄放通道材质的体积电阻率。

例如, $\rho = 1 \times 10^{10}\ \Omega \cdot \mathrm{m}$, $\varepsilon = 1 \times 10^{-10}\ \mathrm{F/m}$, 则 $\tau = 1\ \mathrm{s}$。

由于静电是发生在材料表面上的现象,所以根据材料的表面电阻率,可将材料分成三大类(表 9-3)。

表 9-3　不同类型材料的表面电阻率

材　　料	表面电阻率(Ω·m)
静电导体材料	$0 \sim 10^5$
静电耗散(又称静电亚导体)材料	$10^5 \sim 10^{11}$
静电绝缘(又称静电非导体)材料	$\geqslant 10^{11}$

表面电阻率小于 $10^5\ \Omega \cdot \mathrm{m}$ 的静电导体材料耗散电荷的速度最快,使用接地方式很容易将其表面所携带的电荷释放掉。但因迅速放电会使放电电流的变化率很大,一旦放电通道靠近已带电的电子系统,可能会产生某种损坏。所以它不宜作为静电防护材料。

表面电阻率大于 $10^{11}\ \Omega \cdot \mathrm{m}$ 的绝缘体上的电荷只能保持在产生它的区域,并不会分布在材料的整个表面上。因此,将绝缘体的接地并不能减少电荷。绝缘体上的电荷虽然不能自由移动引起静电放电,但绝缘体上的电势会在导体上产生感应电荷。

所以,静电绝缘材料不能耗散电荷,在静电敏感环境中严禁使用。

表面电阻率在 $10^5 \sim 10^{11}$ Ω·m 的静电耗散材料的耗散电荷的速度较慢,很安全。一旦物体带电,可以安全地泄放这些电荷。这就是在考虑静电防护时,为什么要考虑相关材料的表面电阻率。

至于绝缘体上所携带的电荷,可以使用各种类型的离子发生器向空气中释放与物体携带电荷极性相反的电荷,并与物体携带的电荷相互抵消,即所谓中和。

9.4 防静电工作区的理念

9.4.1 概述

防静电工作区(EPA)是“静电放电防护工作区”的通称。它是一个配备有各种防静电设备和器材,能限制静电电位,并具有确定边界和专门标志,适于从事静电防护操作的场所。

EPA 应具有为控制或减少静电电荷(静电电压)所需的器材、设备和管理。基本的 ESD 防护区其概念是限制静电电压水平,以避免在该区域内接受操作的静电敏感器件(ESDS)处在大于损坏电压阈值的状况下。

因人体是最大的静电源,故应尽量减少由人体服装、头发和动作所产生的静电荷。所以在设计 EPA 时,应考虑两个基本要素:

(1) 保持操作者在任何时候的电气安全。这个要素直接与在防护区内使用的材料类型(导电性或耗散型)以及正确的接地措施有关。

(2) 使防护区内对被操作的 ESDS 产品要求在技术上提供

某一足够的防护水平。防护区内可能产生的静电电压应远小于在防护区内元器件的最低敏感电压。

9.4.2 EPA 等级的划分

防护区设计得愈完善，在该防护区内使用的操作程序就愈简单。例如，当操作无 ESD 防护罩或无 ESD 包装的 ESDS 元器件、组件或设备时，应在防护区内进行；当 ESDS 产品在去掉 ESD 防护罩或防护包装的情况下，又必须在防护区之外接受操作时，就需要规定更为详细的 ESD 防护操作程序。但防护区设计得愈完善，其投资也愈大，所以要进行 EPA 等级的划分。

9.4.3 EPA 要素

EPA 的要素包括人身安全、防护区的接地/等电位连接、工具、材料和设备、操作程序。

9.4.3.1 人身安全

在设计 EPA 时应考虑减少人体遭受由于静电放电引起的电击的可能性。在防护区内一旦发生人身电击事故，应使流过人体的电流限制在 5 mA 以下。所以腕带内表面(与手腕的接触面)的对地电阻应在 $7.5\times10^{5}\sim5.0\times10^{6}$ Ω；鞋束(足跟带)的对地电阻应在 $5\times10^{4}\sim1.0\times10^{8}$ Ω。

9.4.3.2 防护区的接地/等电位连接

当人体通过控制系统的人机界面将携带的静电荷向控制系统的接地端泄放的话，为防止泄漏电流将释放路径附近的元器件损坏，放电也必须缓慢进行，以限制放电电流。

在静电防护工作区内，为保护控制系统免遭静电的危害，主要是提供接地路径以使静电防护设备、材料和人员具有相同的电位。静电防护工作区内的导体(包括人员在内)，必须与地相连,使导体和人员的电位相同。只要使系统中的组件和人员维持相同的电位,即使存在高于参考的零电位也能通过对地泄放起到静电保护作用。

这种等电位体的实施主要依赖于防静电地面的设计。将静电防护区内的所有东西(包括工作台、椅、人员、设备等)通过防静电地面和接地系统相连。

为了既限制静电放电电流又保证等电位的接地要求,故对防静电地面就必须提出表面电阻率大小的要求。

9.4.3.3 工具、材料和设备

EPA 内所使用的工具、材料和设备包括 ESD 防护工作台面、操作人员的接地腕带、气体离子发生器、防护地面、ESD 防护垫、防静电周转容器、货架、生产线、防静电服和防静电鞋等,在设计、建造、使用时,必须仔细考虑如何排除主要的静电发生源。

作为一个实例,图 9-5 为典型的 ESD 防护工作台。

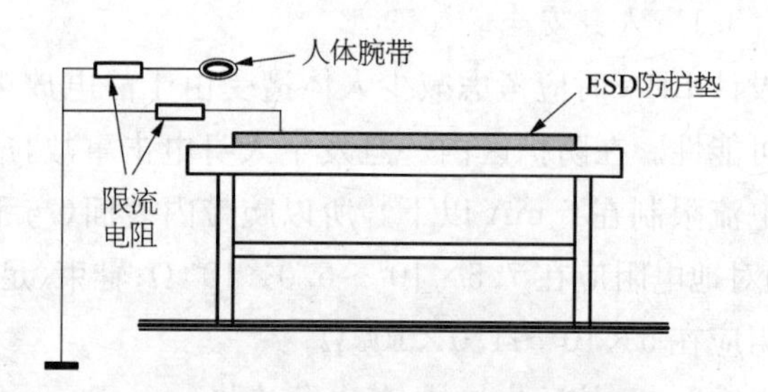

图 9-5 典型的 ESD 防护工作台

另外,EPA 应有明显的符合标准的专用警告标志符,并需定期对 EPA 的各项技术要求进行监测和维护。

9.4.3.4 操作程序

进入 EPA 的人员应限于经过相应培训的人员。在操作 ESDS 产品时应有相应的操作规范。

9.4.4 EPA静电泄漏电阻的取值

所谓静电泄漏电阻 R_D 是指被研究的物体上的观察点与大地之间的总电阻，即电荷从该点泄放到大地所经过的总路程上的电阻。对于已经静电接地的物体来说，静电泄漏电阻包括接地电阻和被测点与接地点之间的连接电阻，即：

$$R_D = R_m + R_S \tag{9-5}$$

式中 R_m——被测点与接地点之间的连接电阻(Ω)；

R_S——静电接地电阻(Ω)。

静电泄漏电阻是判断带电体上的电荷能否顺畅泄漏的主要依据。静电泄漏电阻的大小取决于 EPA 所允许存在的最高静电电位 U_k 和 EPA 可能出现的最大静电起电电流 I_g。

一般情况下，静电起电电流的范围为 $10^{-11} \sim 10^{-4}$ A，所以最大静电起电电流 I_g 可取 10^{-4} A。如果允许的对地静电电位(绝对值)为 100 V，则静电泄漏电阻为

$$R_D = U_k / I_g = 100/10^{-4} = 10^6\,(\Omega)$$

如果允许的对地静电电位(绝对值)为 1 000 V，则静电泄漏电阻为 10^7 Ω。

在一般情况下，被测点与接地点之间的连接电阻要远大于静电接地电阻。所以控制泄漏电阻大小起主要作用的是被测点与接地点之间的连接电阻，而连接电阻大小的选择主要有赖于材料表面电阻率的选择。

9.5 控制室静电防护的基本措施

为防止控制系统和电路不受静电放电的干扰和破坏，作为

EPA 控制室的设计应采取的基本原则为：

(1) 抑制或减少防静电工作区内静电荷的产生，严格控制静电源。

(2) 安全可靠及时消除防静电工作区内产生的静电荷。静电导电材料和静电耗散材料用泄漏法，使静电荷在一定的时间内通过一定的路径泄漏到地；绝缘材料用离子静电消除器为代表的中和法，使物体上积累的静电荷吸引空气中来的异性电荷，被中和而消除。

具体的方法有：

(1) 抑制干扰源，减小或消除源头上的静电积累，防止静电的产生是最彻底的方法。从产生静电的机理看，应该从降低有关物体的绝缘度着手，使两物体即使摩擦也不产生或少产生静电。

(2) 铺设具有一定表面电阻率的防静电地面，它不仅可以泄漏人体静电，也为活动的机具、工装等设备提供静电接地和实现等电位连接的条件。

(3) 操作人员宜穿防静电工作服。防静电工作服通常是由导电纤维或经抗静电改性的织物制成。用于防止人体静电的积累。

(4) 操作人员穿防静电鞋。因为人是静电导体，在人体静电防护中最主要的措施是保证人体始终静电接地。鞋是人体静电接地的关键制品之一。如果鞋(包括袜子和鞋垫)对地电阻较小，并配合防静电地面，就可以保证人体在活动时，能够通过鞋和导电地面将产生的静电泄漏到大地。我国国家标准《个体防护装备职业鞋》(GB 21146—2007)规定，防静电鞋的鞋底电阻值为 $5.0\times10^{4}\sim1.0\times10^{8}\ \Omega$。由于使用场所有可能触及工频交流电，所以对防静电鞋的电阻值，不但有上限要求，也有下限要求。

(5) 维护人员应在手腕上带防静电手腕带。

(6) 使用防静电椅。椅面材料应采用静电耗散材料，并应保证和防静电地面有良好的接触。

(7) 在控制室入口处，设置吸尘地毯，以减少静电的生成。

(8) 控制柜以及电缆的屏蔽层都必须保持良好的接地。一般凡做保护接地的机柜，均可认为已做了静电接地。

(9) 设置温、湿度控制。物体携带的电荷可以通过空气泄漏。湿度愈高，物体上携带的电荷泄漏得愈快。如相对湿度 $RH \geqslant 65\%$，就难以形成静电危害源。

(10) 如设备的外接电缆接插件采用金属外壳的插座，由于这种插座经常被人体所接触，所以也经常会通过插座对其附近的元器件造成静电放电干扰。因此，在固定插座时要让其金属外壳与地有良好的导电性。

上述诸措施中，控制室的温、湿度控制和防静电地面的设置与接地是必须在控制室的设计阶段予以考虑的。

国军标《防静电工作区技术要求》(GJB 3007A—2009)按照指定空间所允许的对地静电电位值，将静电防护工作区分为两个等级：

A 级——允许的对地静电电位不超过±100 V；

B 级——允许的对地静电电位不超过±1 000 V。

之所以将 EPA 划分为 A、B 两个等级是因为：

(1) 半导体的静电敏感性除少数在 100 V 以下(如 NMOS、EPROM 等)，大多在 150 V 以上，所以凡是人体有可能直接接触到控制系统的卡件、元器件等地方可按 A 级考虑，即允许的对地静电电位(绝对值)为 100 V。

(2) 一般而言，人机界面各处的静电抗扰度至少也在 2 000 V以上，所以在人体不直接和控制系统的卡件、元器件等直接接触的地方，可按 B 级进行设计，即允许的对地静电电位

(绝对值)为 1 000 V。

9.6 防静电地面和其接地

在静电防护工作区内,保护控制系统免遭静电的危害,主要是提供接地路径以使静电防护设备、材料和人员具有相同的电位。静电防护工作区内的导体,包括人员在内,必须与公共地相连,使导体和人员的电位相同。只要使系统中的组件维持相同的电位,即使高于参考的零电位也能起到静电保护作用。

这种等电位体的实施主要依赖于防静电地面的设计。将静电防护区内的所有东西(包括工作台、椅、人员、设备等)通过防静电地面和接地系统相连。为了保证上述的软接地要求,对防静电地面就必须提出表面电阻率的要求。

常见的防静电地面有防静电现浇(或预制)水磨石地面、聚氯乙烯(PVC)地面、聚氨酯自流平地面、防静电活动地板等。

也可以在普通地面上铺设防静电地垫。

无论采用何种防静电地面,一要对其表面电阻率的大小进行选择,二要和接地系统可靠地连接。

在敷设防静电地面前,首先应该敷设导电地网(图 9-6)。对防静电现浇水磨石地面可以用钢筋做地网,钢筋的交叉处应焊接牢固,地网和接地端可以用焊接或压接连接。对聚氨酯自流平地面,可以用宽 15～20 mm、厚 0.05～0.08 mm 的铜箔,按 6 m×6 m 的网格敷设,铜箔与铜箔交叉处用锡焊焊接,铜箔与接地端子连接处用锡焊焊接或螺栓压接。一个导电地网起码要有两个接地端,面积每增大 100 m^2,接地端应增加 1～2 个。

在防静电地面施工完后,必须要对表面电阻、系统电阻、系统接地电阻、平整度、面层厚度等进行测试记录。

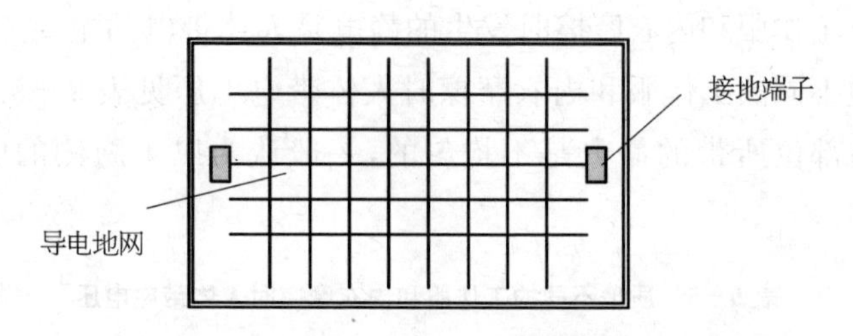

图 9-6 导电地网示意图

作为静电防护工作区的控制室,除了上述的以外,还必须要有一套行之有效的管理制度和明显的边界标志。

附 1 物体带电顺序表和人体、器件带电电压值

物体的带电顺序见表 9-4。当两种材料发生接触时,电子将从顺序表中位于左侧的材料转移到顺序表中位于右侧的材料上。可以按此来判断两个物体摩擦时,它们带电的极性,还可以大致估计所带电荷程度的大小,即顺序表中相隔愈开的两种材料摩擦,产生电荷的程度就愈大。产生电荷的数量不仅与顺序表中材料的位置有关,而且还和材料的表面清洁度、接触的压力、摩擦数量、接触面积的大小、表面光滑度以及分离速度等因素有关。同类材料在经过接触、分离后也能产生电荷。一个最明显的例子就是塑料袋,在打开时能显而易见地感觉到静电的存在。

表 9-4 物体带电顺序表

带正电荷侧	玻璃	云母	尼龙	羊毛	丝	铝	纸	棉布	钢	木材	琥珀	硬橡胶	铜、镍	银、黄铜	金、白金	醋酸酯纤维	聚酯	赛璐珞	聚四氟乙烯	带负电荷侧

工作服和内衣摩擦时发生的静电是人体带电的主要原因，质地不同的工作服和内衣摩擦时人体带电电压见表9-5。人体各部位所带的静电是不均匀的，一般认为以手腕侧的电位最高。

表9-5　质地不同的工作服和内衣摩擦时人体带电电压　(kV)

工作服质地	内衣质地					
	棉纱	毛	丙烯	聚酯	尼龙	维棉
纯棉	1.2	0.9	11.7	14.7	1.5	1.8
维尼纶55%、棉45%	0.6	4.5	12.3	12.3	4.8	0.3
聚酯65%、人造丝35%	4.2	8.4	19.2	17.1	4.8	1.2
聚酯65%、棉45%	14.1	15.3	12.3	7.5	14.7	13.8

在不同的相对湿度下，控制室中产生的典型静电电压见表9-6。

表9-6　控制室中产生的典型静电电压

静电产生的方法	静电电压(V)	
	相对湿度 10%～20%	相对湿度 65%～90%
在地毯上行走	35 000	1 500
在乙烯基地板上行走	12 000	250
工作人员在工作台上操作	6 000	100
包工作说明书的乙烯封面	7 000	600
从工作台上拾起普通聚乙烯袋	20 000	1 200
坐垫有聚氨酯泡沫材料的工作椅	18 000	1 500

附2　防静电工作区的环境条件要求

在为某企业编制防静电工作区的设计标准时，根据其重要性，使用性质和发生静电放电的后果，将防静电工作区分为三级：A级、B级和C级。

不同级别的防静电工作区其允许的对地静电电位和环境条件应符合表9-7。作为控制系统的机房可按B级进行设计；操作室可按C级进行设计。

表9-7 防静电工作区的环境条件要求

级别	允许的对地静电电位（绝对值）(V)	温度（℃）	相对湿度（%）	直径大于0.5 μm的含尘浓度粒(L)	直径大于5 μm的含尘浓度粒(L)
A	≤100	21～25	55～65	≤350	≤3
B	≤250	18～28	40～70	≤3 500	≤30
C	≤1 000	10～35	不控制	≤18 000	≤300

注：空气中含尘浓度的检验方法按《计算机场地通用规范》(GB/T 2887—2011)中5.3进行。

10

控制系统的雷电防护

伴随着雷电现象产生的雷电电磁脉冲，以近场的静电感应和电磁感应、远场的辐射感应以及因地电位差（共模干扰）造成的“反击”等耦合途径将雷电波（即过电压、过电流的电涌）引入控制系统，使设备损坏，是电子式控制系统面临的最强大的电磁干扰源。随着控制系统集成化程度与对雷击敏感度水平在同步提高，因此雷击电磁脉冲对控制系统的危害日趋严重，从而也就成了雷电防护技术中一个急需解决的课题。

诸如DCS、PLC、FCS等控制系统，无论是国产的或从国外引进的，每年于雷雨季节发生的雷击事故接连不断。虽然对某一装置的控制系统而言，遭受雷击的可能性系属低概率事件，但一旦遇上，轻者损坏设备，影响生产过程的正常运行，重者迫使生产装置停车，会造成很大的经济损失，乃至发生重大的安全事故。因此，不应抱有侥幸的心态而无视控制系统的雷电防护。

10.1 雷电概述

10.1.1 雷云结构和放电原理

由于目前还无法在实验室里模拟出带电云层的形成过程，

所以世界上有关雷云形成的假说很多，众说纷纭。在这些假说中，一个基本点是云层中存在有冰晶和水粒两种形态的水分子，由于它们的比重不一，于是在云层中形成了气流，由于云层内部的不停运动和相互摩擦，使得冰晶带正电，水粒带负电并逐渐分离，形成一部分带正电的雷云和一部分带负电的雷云。由于冰晶的比重小于水粒，所以靠近地面的雷云往往是带负电者居多。

由于异性电荷的不断积累，不同极性的云层之间的电场强度在不断增大；当某处的电场强度超过了云层间空气可能承受的击穿强度时，于是就形成了云间放电。不同符号的电荷通过一定的电离通道互相中和，产生强烈的光和热。放电通道所发出的这种强光称为“闪”。而通道所发出的热，使附近的空气突然膨胀，发出霹雳的轰鸣，人们称为“雷”。这种云与云之间的放电形状是片状的，故亦被称为片状雷，约占雷电现象中的 95%，一般它对地面上的人和建筑物不构成威胁，但对电子系统依然会通过电磁感应构成强大的威胁。

如大气中某雷云带负电，由于雷云负电的静电感应，使附近地面积聚正电荷，从而使地面与雷云之间形成强大的电场。和云间放电现象一样，当某处积聚的电荷密度很大，造成的电场强度达到空气游离的临界值时(电场强度达到2 500～3 000 kV/m)，就为闪电落雷的发生创造了条件。这种云与地之间的放电形状是线状的，故称线状雷，约占雷电现象中的 5%，它无论对地面上的人、建筑物以及电子系统都构成强大的威胁。

除了片状雷和线状雷以外，还有一种叫球雷。它是一种具有多种颜色的发光球体，最大的直径可达 1 m，存在的时间 10 s 左右。球雷自天空垂直下降后，有时在距地面 1 m 左右时沿水平方向随风而飘。由于无法在实验室里模拟出球雷的形成过程，又捕捉不到它，所以它的形成机理尚未定论。它约占云对地放电中的8%。据记载,1983年8月15日,北京焦化厂两个100 m^3的酒精罐就是被球雷击中而烧毁的。据见过球雷的人说,球雷出现时离他们均很近,却没有遭到伤害,也有文献记载,认为球雷一般不伤人。

雷云中蕴含的电量并非很大,雷电之所以破坏性很强,主要是因为它将雷云中蕴藏的能量在短短的微秒级的时间里释放出来,瞬间功率极其巨大。

10.1.2 直击雷(云对地)的选择性

一个地区有无雷暴,是由气象条件所决定的,包括水汽充沛、地表气温高、垂直气流对流旺盛等因素。但有了雷暴,具体选择哪一处落雷,则受外界条件的影响。云层对地放电的本身是一种位能的释放,位能释放总是沿着易导电(阻抗小)的地方。例如:

(1) 高大建筑物的尖顶,因为该处由于雷云造成的静电感应的电场强度最大。

(2) 旷野中的突出物,即便不高,因为孤立、突出。

(3) 潮湿的土壤,因其电阻率低。

(4) 金属结构的建筑物,包括金属线缆等,因为具有良好的导电性能。

必须强调的是:形成的雷击是电流源,而非电压源。雷击先导的发展起初是随机的,直到先导头部足以击穿它与地面目标间的间隙时,也即先导与地面目标小到一定距离时,才受到地面影响而开始定向的。根据前人的研究,目标的选择是基于以下的雷闪的数学模型(也称“电气-几何模型”):

$$h_r = 10I^{0.65} \tag{10-1}$$

式中 h_r——雷闪的最后闪络距离(击距),即所谓的滚球半

径(m);

I——雷击电流的幅值(kA)。

于是就可以想象,将雷击地面或地面物体的过程,等值地描述为一个以击距(即滚球半径)h_r为半径的假想球体从天而降,沿随机路径逼近地面或地面上的物体时,凡球体所能接触到的物体都有可能遭受雷击;球体最先触及的且处于地电位的点是最可能的雷击点(如接闪器)。

反之,滚球不能接触到的地方,则可认为是接闪器能够保护的区域。同时,该模型也说明了在建筑物的高度大于滚球半径时,高层建筑物在天面以下,地面以上的侧面也有遭侧击雷的可能。

10.1.3 雷电流威胁控制系统的危险半径

这里所谓的危险半径是指:以雷击点为圆心,以危险半径画一个圆,圆内的电气、电子设备在遭雷击时,若无一定的防护措施,均有损坏的可能性。

图 10-1 为雷击中可能出现的三种波形。左侧为首次雷,中间为后续雷,右侧为长时间雷击。首次雷的波形参数如图 10-2所示。其中 T_1 为波前时间,波前时间愈短,表示电流的变化率愈大;T_2 为半峰时间,半峰时间愈长,表示所含的能量愈大。我们通常用 10/350 μs(10 μs 为波前时间 T_1,350 μs 为半峰时间 T_2)来表示首次正极性雷击的波形,因它最贴近实际发生的波形。

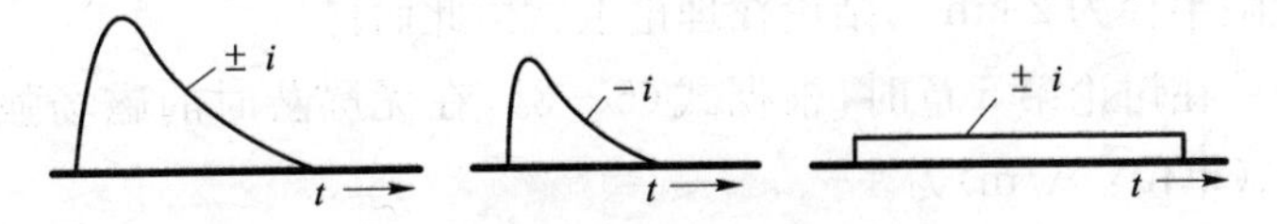

图 10-1 雷击中可能出现的三种波形

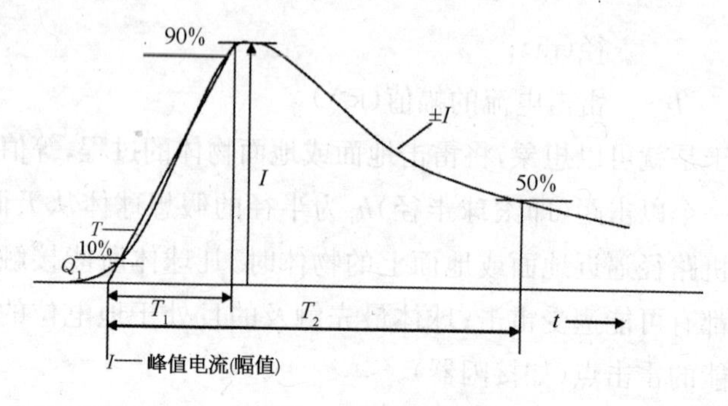

图 10-2　波形参数图

由图可知,其中以首次雷的峰值最大,威胁也最大。根据文献,全球公认的危险半径为 2 km,通过下述的推导可知它的由来。

在没有任何防护措施下,电子设备在近场遭雷击往往是因为静电感应和电磁感应所引起的,故能导致设备损坏;如电子设备位于远场时,设备往往只是受到辐射感应而被骚扰,因传递的能量很小,设备损坏的可能性不大。根据波长 λ 和传播速度 c 以及频率 f 的关系:

$$\lambda = c/f \tag{10-2}$$

式中　c——传播速度(3×10^8 m/s);

　　　f——频率(Hz)。

因首次雷的主频率为 25 kHz,故近场和远场的边界点为

$$\lambda/2\pi = c/(2\pi f) = 3\times10^8/(2\times3.14\times25\times10^3) \approx 2(\text{km})$$

危险半径为 2 km 的结论在理论上就由此而得。

在讨论第 5 章时,根据式(5-3),在无屏蔽时的磁场强度 H_0(单位: A/m)为

$$H_0 = i_0/2\pi S_a \tag{10-3}$$

式中 i_0——最大雷电流(kA)；

S_a——雷击点与观测点之间的平均距离(km)。

设可能最大的雷电流为 $i_0 = 200\,\text{kA}$，危险半径 $S_a = 2\,\text{km}$，则离雷击点距离为 2 km 处的脉冲磁场强度为

$$H_0 = 200/(2\pi \times 2) = 16(\text{A/m})$$

这是目前一般电子设备都能承受的，造成设备损坏的可能性不大。故对控制系统而言，将危险半径设为 1 km(此时 $H_0 = 32\,\text{A/m}$)，也许较为合理。

10.2 外部防雷装置的基本原理

外部防雷装置对控制系统而言，它的作用有二：

(1) 保护控制室所在的建筑物以及室外的诸如执行器、变送器等控制设备免遭直击雷。

(2) 一般认为，雷电流中的 50%可通过外部防雷装置直接入地，减小了雷电流于空间造成的电磁场强度。

如图 10-3 所示的是一个基本的外部防雷装置，它包括三个组成部分：接闪器、引下线、接地体。它的基本原理就是引雷入地。

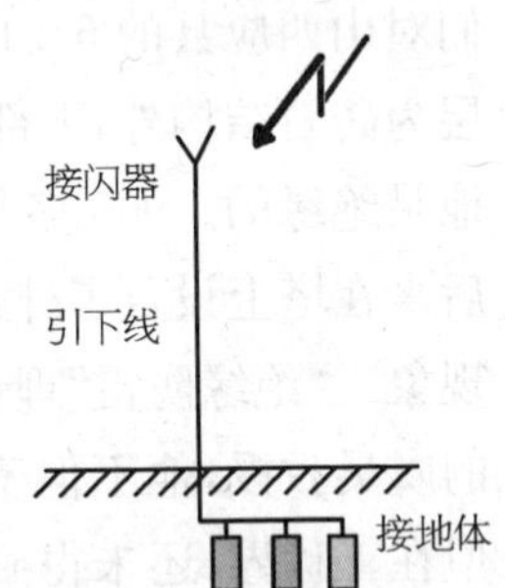

图 10-3 外部防雷装置示意图

其中接闪器有四种常见形式：接闪杆(避雷针)、接闪线(避雷线，用在高压线路上)、接闪带(避雷带，沿建筑物屋顶四周布置)、接闪网。

值得注意的是：外部防雷装置的作用是吸引闪电电流，并把它迅速导入大地。它是防护直击雷，保护建筑物的有效手段。

外部防雷装置也可以减弱由感应产生的和经金属导体传入电子设备内部的雷电电磁脉冲。曾在某石油化工企业进行过调查后发现，该企业的石蜡加氢装置的控制系统于2004年7月遭雷击，使操作站的工控机的主板损坏以及显示器无序闪烁。该控制室为单层的独立建筑物，因受周围高大金属设备的保护，未设置防直击雷装置。而和它相距不到30 m的催化裂化装置的控制室，也为单层的独立建筑物，在和石蜡加氢装置在遭受同次雷击下，由于它设置了防直击雷装置（接闪带），控制系统安然无恙。

有关外部防雷装置保护范围的计算，我国采用的是前述的滚球法。详细的计算可参考《建筑物防雷设计规范》（GB 50057—2010）。

目前还有"绝缘防雷"之说，它是台湾大学的林清凉教授和中科院的戴念祖教授提出来的。前面已述，既然云层对地放电的本身是一种位能的释放，位能释放总是沿着易导电（阻抗小）的路程，那么如建筑物对地绝缘的话，岂不就不易遭雷击吗？他们对山西应县的67.13 m高的木塔做过调查，该塔除底层和一层为砖石结构外，上部所有层全部为木结构，故可以认为该塔对地是绝缘的。900多年来，该木塔从未遭受过雷击，安然无恙。后来在塔上设置了外部接闪装置，该塔就经常发生雷电的接闪现象。"绝缘防雷"理论在学术界得到了共鸣，特别是清华大学的虞昊教授，他不但赞同，也做过调查，证明该理论的正确性。但在工程界，还未得到全部认可，要对现代建筑物实现对地绝缘，也绝非易事。

此外，20世纪70年代出现过一种新型的外部防雷装置——消雷器。它是由离子化装置、连接线及接地装置三部分组成，是利用金属针状电极的尖端放电原理设计的。在雷云电场作用下，当尖端场强达到一定值时，周围的空气发生游离，在电场力的作用下随之离去，而接替它的其他空气分子又相继被游离。如此下去，从金属尖端向周围有离子电流发射。随着电位的升高，离子电流按指数规律增加。当雷电出现在消雷器及被保护建筑物和构筑物上空时，消雷器及附近大地均感应出与雷云电荷极性相反的电荷。设有许多针状电极的离子化装置，使大地的大量电荷在雷云电场作用下，由针状电极发射出去，并向雷云方向运动，使雷云被中和，雷电场减弱，从而防止了被保护物遭受雷击。由上可知，消雷器的功能是使雷电脉冲放电的 $\mu s \cdot kA$ 级瞬变过程转化为 $s \cdot A$ 级的缓慢的放电过程，因而使被保护物上可能出现的感应过电压降低到无危害的水平，达到防雷消灾的目的。

根据离子化装置上的金属针状电极的不同，消雷器可分为少长针型和多短针型两大类。我国生产的还有导体伞板型和导体阵列型消雷器两大系列。前者主要用于占地一定面积的发电厂、变电站、军火库、气象站、电视塔等高层建筑或重要防雷场所；后者则是用于架空线路的防雷保护。昆明太华山气象站海拔 469.3 m，消雷塔高出地面 60 m，未装消雷塔前多次遭受雷击，安装消雷塔后未再遭过雷击。贵州贵阳东山是强雷区，在山顶的电视塔上安装了消雷器后，也未遭受过雷击。但在工程界，消雷器还没有被完全认可和接受，故还没有被引用到国家标准中。

10.3 雷电对控制系统的侵害途径

雷电对控制系统侵害的途径主要有静电感应（电容性耦合）、电磁感应（电感性耦合）、反击（电阻性耦合）和电磁场辐射（电磁耦合）等几种。侵害耦合的基本原理已在前面的章节中讨论过，现再予以简单地归纳。

10.3.1 静电感应(电容性耦合)

在前面的第2.3节中已对雷击中的电容性耦合的机理以及雷击时因静电感应在电缆上产生的对地的感应过电压的估算进行了讨论。由式(2-6)可知：雷击时由静电感应所产生的感应过电压不仅和雷电流的大小有关,还和外部防雷装置的接地电阻的大小有关。同时,受感应的电缆离地高度愈高,离雷击点的距离愈近,产生的感应过电压也就愈大。由此产生的干扰电流可达10 A,干扰电流在通过设备流入大地时,便会给设备带来损伤。

10.3.2 电磁感应(电感性耦合)

雷云放电时,空间存在着强大的高频电磁场,处在该电磁场作用下的金属线缆会感应出数以千伏的浪涌电压。如果金属线缆之间形成了一个回路,该回路内又有一定的空气间隙(如几厘米长),则浪涌电压会在间隙处发生火花放电并将设备击穿。如果金属线缆之间形成了一个流通的闭合回路,则感应电压会在回路内形成闭合电流,该电流流经接触不良的接点或阻抗会产生局部过热,也能将设备烧坏。

图10-4和图10-5为两个电感性耦合但感应环面积大小不同的例子。前者设备未接地,感应环在电缆的芯线之间,感应回路的面积小,所以产生的感应过电压也小;后者的设备均接地,感应环在电缆和地之间,形成的回路面积大,故产生的感应过电压便大,工业上的控制设备多半如图10-5所示。根据式(2-6),在遭雷击时,电缆里产生的感应过电压除了正比于雷电流外,还正比于电缆线离地的高度,反比于离雷击点的距离。

在发生雷击时,由静电感应产生的过电压和由电磁感应产生的过电压几乎是同时产生的。根据1994年水利电力出版社

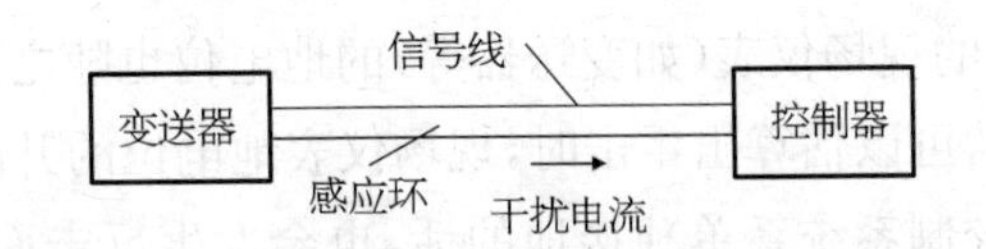

图 10-4　电感性耦合(感应环在电缆芯线之间)

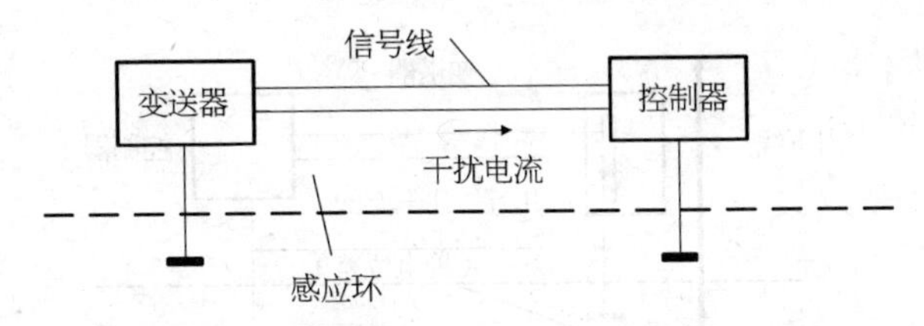

图 10-5　电感性耦合(感应环在电缆线和地之间)

出版的苏联学者 B·Π·拉里昂诺夫著的《高电压技术》一书，闪电放电在金属电缆(或金属管线)上产生的感应过电压，其脉冲电压波的峰值 U(单位：kV)为

$$U = 30Ih/b \tag{10-4}$$

式中　I——闪电电流(kA)，估算时可按设计的最大雷电流 200 kA 考虑；

h——金属电缆(或金属管线)离地的高度(m)；

b——金属电缆(或金属管线)和放电通道的距离(m)。

在浙江某热电厂进行调查时，发现过这样一个案例：在一根高度为 5 m 的金属管道上以及一根贴地面敷设的金属管道上各安装了一台同样型号的压力变送器，在遭同一雷击时，雷击点离他们的距离是一样的，结果高度为 5 m 的变送器被打坏了，而贴地面的变送器没有损坏。

10.3.3　反击(电阻性耦合)

在前面第 6 章已阐述了反击的基本原理(图 6-19)。

图 10-6 为雷电反击的另一种情况。在引下线通过雷电流

时，其附近的现场仪表(如变送器等)的地电位也随之升高[利用式(6-24)，可以估算出雷击时，现场仪表地电位的升高值 ΔV]，如远处的控制系统系单独接地的话，也会发生反击而导致设备损坏。

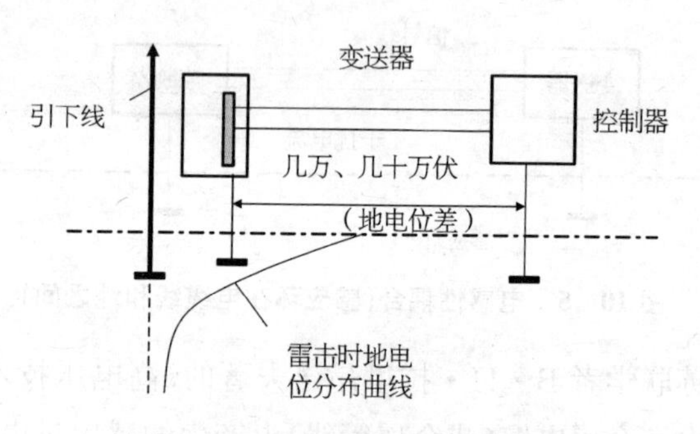

图 10-6 雷电反击的另一种情况

2004 年 3 月，浙江某化工公司的邻硝装置，在工艺现场的最高的金属塔器的邻近安装了许多德国的 E+H 变送器，变送器的外壳通过金属安装支架(或与金属设备相连)形成了自然接地。虽然变送器的外壳和内部的电子线路板隔有一定间隙(或串接一个反向二极管)，由于控制室采用单独接地并远离现场，当最高的金属塔器遭雷击而接闪时，由于变送器地电位的瞬间升高，使变送器和控制室两处的地电位差达几万乃至几十万伏，故由于反击形成的干扰电流通过信号电缆将 10 多台变送器和对应于控制系统的模拟量输入卡同时被击穿，造成整个生产装置停车。

10.3.4 电磁场辐射(电磁耦合)

雷电放电产生的电磁场会在大范围的信号传输线和其他电缆上感应出过电压，这种过电压会传递到电子设备端口上构成干扰。在危险半径以外的辐射电磁场往往只骚扰电子系统的正常运行，造成电子设备损坏的可能性较小(见第 4 章)。

10.4 控制系统雷电防护的基本措施

控制系统雷电的防护措施除了外部防雷装置外，主要有接地/等电位连接、外部电缆的屏蔽、合理的布线、使用浪涌保护器(SPD)。下面分别说明。

10.4.1 接地/等电位连接

防雷工程的接地系统系用于：

(1) 雷电流的泄放。

(2) 抑制雷电电磁脉冲的电磁感应和静电感应。

(3) 将分开的设备装置通过共用接地网实现等电位连接，以减少控制系统的设备在金属构件与设备之间或设备与设备之间因雷击产生的地电位差。

需要保护的控制系统必须采用等电位连接，实施等电位连接的方法有：

(1) 将设备的金属外壳和诸导电物体在地面上用金属导体连接。

(2) 采用共用接地网，即在接地的同时，利用共用接地网实行等电位连接。

(3) 用浪涌保护器(SPD)连接起来，以减小雷电流或其他干扰电流在它们之间产生的电位差。

下面就如何通过 SPD 来实行等电位连接进行讨论。

如图 10－7 所示，工控机有电源入口、信号入口以及设备本身的接地三个端口。左侧的 SPD 为电源浪涌保护器，右侧的 SPD 为信号浪涌保护器。当雷电流从电源线流入时，电源侧的电位 U_1 瞬时提高，当 U_1 升高到浪涌保护器的导通电压时，浪涌保护器开始动作，大量的雷电流 I_1 从电源浪涌保护器进入大地，导通后，可近似认为$U_1=U_2$，由于接地体存在接地电阻，因此雷电流流入大地的同时会使大地电位U_2升高，这时U_2与U_3之间的电位差超过信号浪涌保护器的导通电压，信号浪涌保护器导通，导通后，可近似认为$U_2=U_3$，因此在雷电通过的瞬间，浪涌保护器可以使$U_1=U_2=U_3$，使设备各点之间的电位达到平衡，从而起到保护作用。

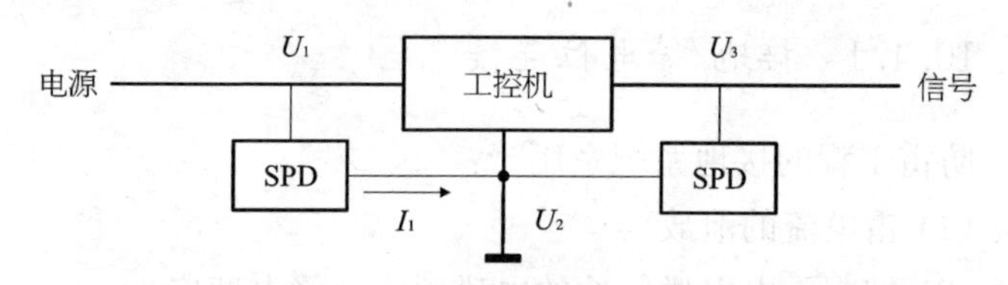

图 10－7　工控机的等电位连接

为了防止金属管线和电缆间产生闪络，文献[14]介绍了如图 10－8 所示的设备管线间的等电位连接，它也是通过金属管线的接地以及在电缆中设置 SPD 来实现的。不过，这在工业控制系统的雷电保护中极少被采纳。因为这需要在电缆的敷设中间予以断开，接上 SPD 后继续往前敷设，当电缆数量很大时，施工量与成本均难以承受。

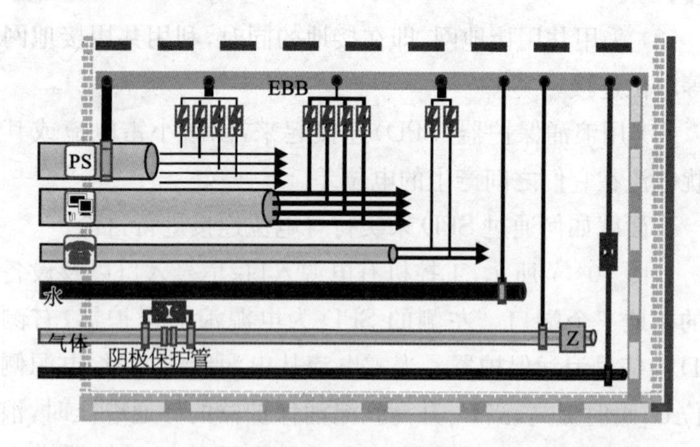

图 10－8　引入的设备管线的防雷保护的等电位连接

关于接地/等电位连接有以下几个要点：

(1) 控制系统的接地装置应优先使用共用接地网，既满足接地要求，又便于实现等电位连接。

(2) 当共用接地网的接地电阻达不到要求时，可局部增加人工接地体(如离子接地体)，但设置的人工接地体应和共用接地网连接。

(3) 控制系统 400 V/230 V 的交流电源供配电系统从建筑物内总配电盘开始引进的配电线路和分支线路必须采用 TN-S 接地制式。

(4) 为防止雷击时因地电位差造成的反击，现场仪表的金属外壳必须就近接地并和控制室的仪表通过共用接地网实行等电位连接。

10.4.2　电缆的屏蔽

前面已讨论过雷电对控制系统的侵害途径，其中包括静电感应(电容性耦合)、电磁感应(电感性耦合)和电磁场辐射(辐射耦合)。在第 2、3、4 章里也讨论过为抑制这三种耦合，电缆应采取的屏蔽方式，特别是电缆的双层屏蔽，即内屏蔽层单端接地，抑制电容性耦合，外屏蔽层两端或多端接地，抑制电感性耦合，两个屏蔽层之间应是绝缘的。内外屏蔽层也同时能起到抑制辐射耦合的功能。

关于外屏蔽层抑制电感性耦合的屏蔽原理还可以用图 10-9来解释。

当外屏蔽层两端接地时，外屏蔽层形成了一个闭合回路，雷击产生的瞬间交变磁场会分别在外屏蔽层回路和电缆内的芯线回路里产生感应电流 I_c和 I_s。这两个电流是同相的。因外屏蔽层回路的 I_s产生的二次磁场将电缆内的芯线全部包绕，在其上又会感应出二次电流 I_{sc}，I_{sc}和 I_c的相位角相差约 180°，因此 I_{sc}

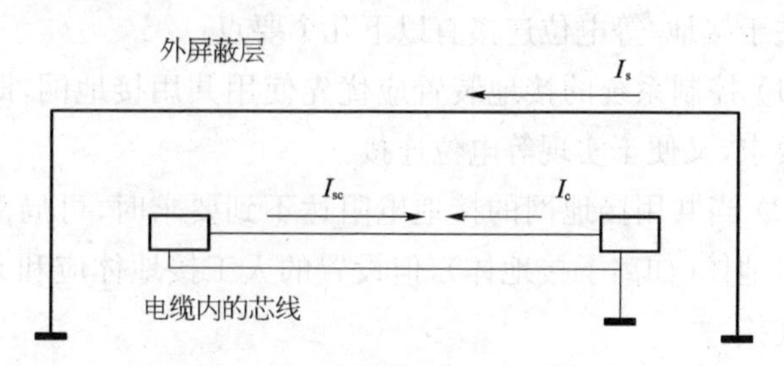

图 10－9 外层屏蔽两端接地的防雷原理

和 I_c 近于互相抵消。该屏蔽方式的效果好坏取决于 I_{sc} 的大小能否抵消得了 I_c，而 I_{sc} 的大小又取决于外屏蔽层回路 I_s 的大小。为增加外屏蔽层回路的 I_s，故应减小外屏蔽层回路的电阻值，如将外屏蔽层回路多点接地，就相当屏蔽层的各接地点之间的并联，从而减小了外屏蔽层回路的电阻。接地点之间的距离愈小，屏蔽效能愈好，直至将外屏蔽层全部埋地敷设，效果最佳。无疑，外屏蔽层回路 I_s 的大小还和接地电阻的大小有关。

如采用金属走线槽或穿金属管进行直接埋地，或者采用钢筋混凝土结构的电缆沟，从室外埋地进入控制室其长度应符合表达式(10－5)的要求，但最小不应小于 15 m：

$$L \geqslant 2\sqrt{\rho} \tag{10-5}$$

式中 L——格栅形钢筋混凝土电缆沟或埋地的金属走线槽或穿金属管长度；

ρ——格栅形钢筋混凝土电缆沟或埋地的金属走线槽或穿金属管处的土壤电阻率(Ω·m)。

式(10－5)是引自(IEC)TC81 第 4 工作组的进展报告，这是一个通过试验而得到的公式，并被国内外标准所引用。

对已有的旧装置，当电缆仅有一个屏蔽层时，为了防雷，宜将该屏蔽层做抑制电感性耦合用。因为雷击时，电感性耦合要大于电容性耦合。

10.4.3 合理布线

所谓合理布线包括减少布线的感应环路面积以及控制系统的电缆和防雷引下线应保持一定的安全距离。

10.4.3.1 减少布线的感应环路面积

由于减少感应环路面积可以减小回路间的互感，从而可以抑制雷电干扰的电感性耦合。图 10－10 为减少感应环路面积的一个示例，即从现场到控制室的外部电缆应沿着一个方向敷向控制室，不要形成一个环路。

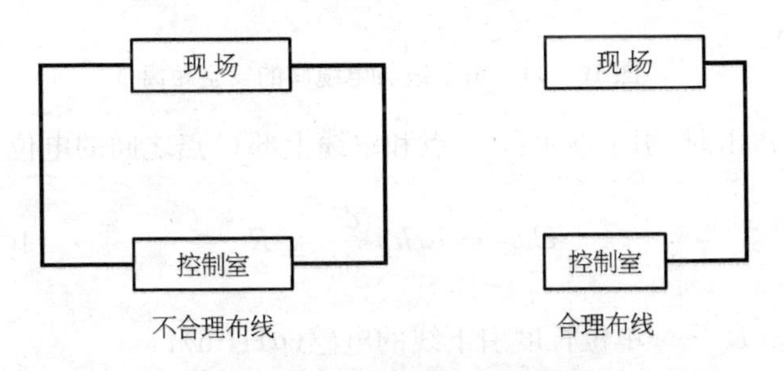

图 10－10 减少感应环路面积

10.4.3.2 控制系统的电缆和引下线保持一定的距离

根据《建筑物电子信息系统防雷技术规范》(GB 50343—2012)，控制系统电缆和防雷引下线的净距见表 10－1。

表 10－1 信号电缆和防雷引下线的净距 (mm)

最小平行净距	最小交叉净距
1 000	300

如线缆敷设高度超过 6 000 mm 时，与防雷引下线的交叉距离应按式(10－6)计算：

$$S \geqslant 0.05H \tag{10-6}$$

式中 H——交叉处防雷引下线距地面的高度(mm)；

S——交叉净距(mm)。

上述规定过于简单。现以图 10-11 为例进行讨论。

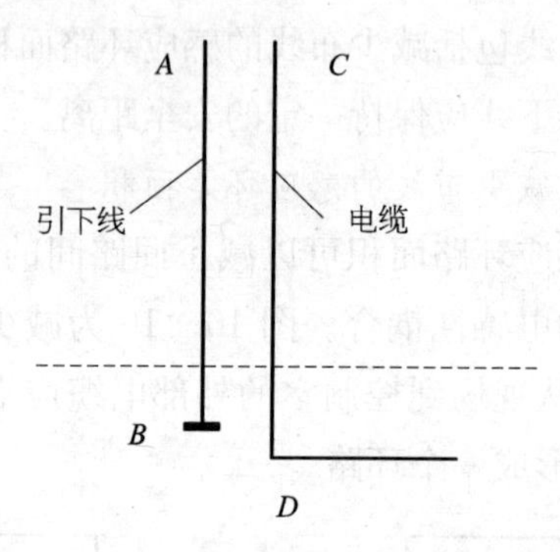

图 10-11 引下线与电缆间的安全距离

雷击时,引下线上部 A 点和电缆上部 C 点之间的电位差为

$$U_{AC}=L_0 h_x \frac{\mathrm{d}i}{\mathrm{d}t}+iR_i \tag{10-7}$$

式中 L_0——单位长度引下线的电感(μH/m)；

h_x——引下线计算点 A 到接地体的长度(m)；

$\mathrm{d}i/\mathrm{d}t$——雷电流的变化率(kA/μs)；

i——雷电流(kA)；

R_i——接地装置冲击接地电阻值(Ω)。

设 E_L 为电感电压降的空气击穿强度,E_R 为电阻电压降的空气击穿强度,为了防止反击,电缆离引下线在空气中的安全距离 S_{al} 应为

$$S_{al}\geqslant \frac{iR_i}{E_R}+\frac{L_0 h_x \frac{\mathrm{d}i}{\mathrm{d}t}}{E_L} \tag{10-8}$$

为了保险起见,i 取雷电流的最大幅值 $I_m=200$ kA。根据

图 10-2，雷电流的波形按 10/350 μs 考虑，式(10-8)中右边第 2 项的作用时间仅为 10 μs，而式(10-8)右边第一项的作用时间长，故电感电压降的空气击穿强度取 $E_L = 700\,\text{kV/m}$；而电阻电压降的空气击穿强度取 $E_R = 500\,\text{kV/m}$。另外，取单位长度引下线的电感为 $L_0 = 1.4\,\mu\text{H/m}$；雷电流的变化率为 $\mathrm{d}i/\mathrm{d}t = 200\,\text{kA}/10\,\mu\text{s} = 20\,\text{kA}/\mu\text{s}$。

代入得空气中的安全距离 S_{al} 和地中的安全距离 S_{el} 分别为

$$S_{al} \geqslant 0.4(R_i + 0.1h_x) \qquad (10-9)$$
$$S_{el} \geqslant 0.4R_i$$

由此可见，安全距离不仅和高度有关，还和接地电阻的大小有关。

10.4.4　使用浪涌保护器(SPD)

10.4.4.1　浪涌保护器(SPD)的基本原理

SPD 是一种限制瞬态过电压并分流浪涌电流的器件。图 10-12 是浪涌保护器的基本原理，它并接在被保护设备的前端，在无浪涌出现时 SPD 呈高阻抗(即开路状态)，当出现浪涌时，使 SPD 变为低阻抗(即通路状态)，并在纳秒(ns)级的时间内迅速将雷电流泄放到地，从而保护了被保护设备。

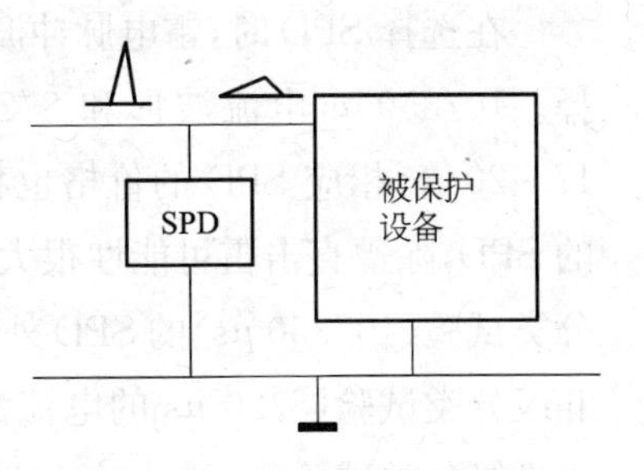

图 10-12　SPD 的基本原理

作为 SPD 本身应具备下列的几个基本条件：

(1) 能承受预期通过的电流。

(2) 通过电流时的最大钳压(电压保护水平)应小于被保护设备的耐压。

(3) SPD应具有较强的绝缘强度和自恢复能力。由于雷电过电压持续的时间很短，当SPD两端过电压消失后应恢复高阻状态，系统正常运行电压继续作用在SPD的两端。否则SPD继续维持在导通状态，系统将无法恢复正常运行。

(4) 对系统的正常运行的影响应很小(即SPD的寄生电容应很小，泄漏电流应非常小)。

由此可见，SPD的电流泄放能力将直接影响其设备的保护能力。目前用于SPD泄放电流和电压的测试波形如图10-2所示，SPD的分类试验波形和试验等级见表10-2。

表10-2　SPD的分类试验波形和试验等级

试验等级	Ⅰ　级	Ⅱ　级	Ⅲ　级
试验电压波形	1.2/50 μs		1.2/50 μs加于开路电路
试验电流波形	10/350 μs	8/20 μs	8/20 μs加于短路电路

注：使用混合波浪涌发生器，真正加在SPD上的电压和电流取决于SPD的输入阻抗，开路负载≥10 kΩ，短路负载≤0.1 Ω。

在选择SPD时，雷电脉冲波试验波形要按实际需要进行选择。10/350 μs电流波形和8/20 μs电流波形相比，能量要差17～20倍，相应SPD的价格也相差很多。对控制系统，所选用的SPD，除遭直击雷可能性很大的地方可采用适当容量的Ⅰ级分类试验(10/350 μs)的SPD外，一般其冲击试验分类均相对于Ⅱ级分类试验(8/20 μs的电流波形和1.2/50 μs的电压波形)或Ⅲ级分类试验(8/20 μs的短路电流波形和1.2/50 μs的开路电压波形的混合波)。

SPD可以分成如下几大类：

(1) 电压开关型SPD。通常由放电间隙、充气放电管、闸流管和三端双向可控硅元件组成。该类SPD在无浪涌出现时呈高阻抗，出现电压浪涌时突变为低阻抗。

(2) 限压型 SPD。通常用压敏电阻、齐纳二极管、雪崩二极管组成。该类 SPD 在无浪涌出现时为高阻抗,随着浪涌电压和电流的升高,其阻抗持续下降呈低阻导通状态。

(3) 组合型 SPD。该浪涌吸收器由电压开关型 SPD 和限压型 SPD 组合而成。

不同种类的 SPD,其响应时间、放电电流和绝缘电阻的数量级见表 10-3。

表 10-3 不同种类 SPD 的响应时间、放电电流和绝缘电阻

	气体放电管	压敏电阻	二极管
响应时间	500 ns	50 ns	1 ns
放电电流	10 kA	2 kA	100 A
绝缘电阻	10 GΩ	20 MΩ	20 MΩ

10.4.4.2 SPD 主要参数的选择

在 SPD 选型时要注意如下几个重要参数的选择:

(1) 最大持续运行电压 U_c。允许持续施加于 SPD 端子间的最大电压有效值,而 SPD 不动作,它等于 SPD 的额定电压。例如,控制系统的 220 V 交流电源,可取 $U_c > 1.55U_0$ ($U_0 =$ 220 V),即 340 V。变送器的电源电压如为 24 V,则模拟量 I/O 端口的 SPD 可取 $U_c = 30$ V。

(2) 标称放电电流 I_n。所谓标称放电电流是指流过浪涌保护器,相对于 8/20 μs 波形的电流峰值(单位: kA)。其值要按地区的雷暴日多少、地理位置、防护等级、SPD 设置的级数、价格等因素而定。在工程上更多的依据经验进行选择。

图 10-13 为 SPD 吸收前后的波形参数示意图。冲击放电电流通过电压开关型 SPD 的最大放电电压,或通过电压限制型 SPD 时,在其端子上所呈现的最大电压峰值称作电压保护水平。而所谓残压的定义为

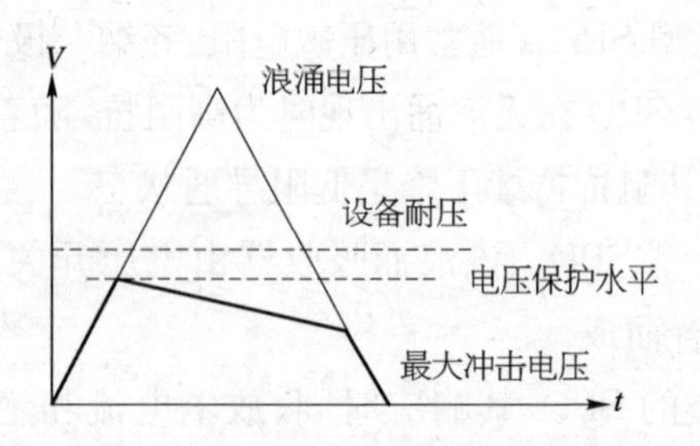

图 10-13 SPD 吸收前后的波形参数示意图

残压(有效电压保护水平)=电压保护水平+引线上的感应电压

SPD 的电压保护水平加上其两端引线的感应电压应与所属系统的基本绝缘水平和设备允许的最大电涌电压协调一致,一般不大于设备耐压水平的 0.8 倍。

(3) 响应时间。从暂态过电压开始作用于 SPD 的时间到 SPD 实际导通放电时刻之间的延迟时间被称为响应时间。它决定了 SPD 能否在浪涌一出现,就快速导通并将浪涌的能量释放掉。其值愈小愈好,一般用于信号回路的 SPD 要求小于 5 ns,对电源系统可放宽到小于 25 ns。

由于过程控制系统有数量庞大的 I/O 点,考虑到用户的经济承受能力,不可能也没有必要在所有的 I/O 点上都装设 SPD。所以一般考虑的基本因素是:

① 被保护设备/系统的重要性。

② 雷击可能造成的经济损失和浪涌保护器投资的比较。

对扩建和改建装置,如果接地系统、电缆类型和不同线路的安装敷设已被确定,使用 SPD 是设备雷电保护的唯一可行的方法(引自 IEC 62305)。

当 SPD 用于本安回路时,还必须使用经过本安或隔爆认证过的 SPD。本章的后面还将详细地讨论如何使用 SPD。

10.5 交流低压电源系统 SPD 的应用

交流电源回路所处的环境不同，雷击时出现的雷电浪涌存在着很大的差别：

(1) 对于那些高度暴露的环境（如变压器露天设置、从变压器到配电室的室外距离又较长），处在直击雷的威胁时，空间的电磁场强度很大，电源回路上可能出现的浪涌电流的峰值可高达 80 kA 以上（相对于 8/20 μs 的波形）。

(2) 包括变压器等设施设置在建筑物内的供电系统，由于周围已采取了防直击雷措施，而室内空间的电磁场强度已经降低，供电回路上可能出现的浪涌一般为 20～40 kA，甚至更低。

10.5.1 控制系统用电设备的浪涌抗扰度

相对于控制系统常用的电源设备包括不间断电源（UPS）、稳压器、隔离变压器、直流电源装置等。

各种电气设备的浪涌抗扰度（有些标准用"绝缘冲击耐受电压"或"耐冲击过电压水平"名称来表示）应由制造商提供。在制造商没有提供该数据时，根据《建筑物防雷设计规范》，对 220/380 V三相系统各设备的浪涌抗扰度的规定值见表 10-4。

表 10-4 用电设备的浪涌抗扰度

设备位置	总配电柜	分配电柜	控制室供电箱	特殊需要保护的设备
类 别	Ⅳ	Ⅲ	Ⅱ	Ⅰ
电压抗扰度额定值(kV)	6	4	2.5	1.5

上述控制系统的用电设备相当于表中的Ⅱ类，故浪涌抗扰度应为 2.5 kV（相对于 1.2/50 μs 波形的峰值），但 UPS 可按

1.5 kV 考虑。

10.5.2　TN－S 制配电系统中的 SPD 的配置方式

在配电系统中设置 SPD 时，如仅设置单级的 SPD 进行防护，存在有两大缺点：

（1）由于过大的雷电流从一级 SPD 上通过，会升高 SPD 的损害概率。

（2）由于 SPD 的电压保护水平正比于通过的雷电流大小，故单级 SPD 会产生过高的残压。

所以，对于非常重要的用户，一般在总配电柜、分配电柜、控制系统供电箱等处实施三级浪涌保护。

例如，进控制室配电箱的交流电源为 TN－S 制三相 220/380 V系统时（图 10－14），供电系统中的 SPD 宜装在主电路空气开关和熔断器的负荷侧。SPD 采用共模接法，即在三根相线和保护接地线（PE 线）之间，各自安装一个过电流保护器和一个 SPD，另在中性线和 PE 线之间安装一个 SPD。

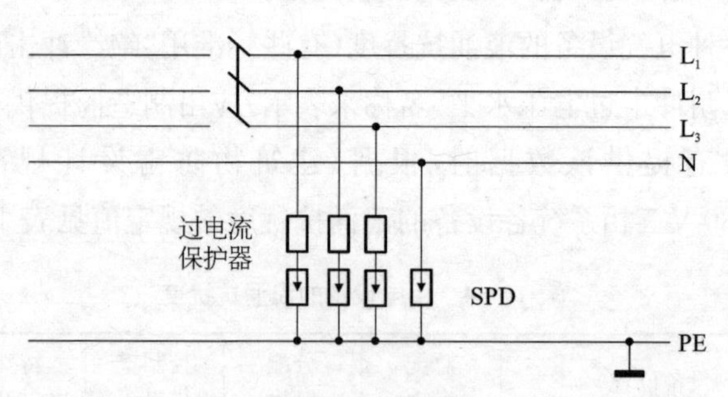

图 10－14　TN－S 制三相电路的某一级 SPD 的设置

在 SPD 支路上安装过电流保护器的作用和注意事项是：

（1）由于 SPD 两端长时间承受高电压，可能会因击穿而导致 SPD 损坏，从而引起 SPD 支路的短路起火。故必须在 SPD 支路上安装过电流保护器，一旦 SPD 损坏，立即将 SPD 支路断开。

(2) 在 SPD 支路上安装的过电流保护器应能断开该支路上的工频短路电流,但不应在 SPD 允许通过的最大雷电流时断开。因此,过电流保护器的动作必须要有一定的延迟作用。一般推荐采用延迟型空气开关。如空气开关选用延迟型 C 形脱扣曲线的话,即有足够的延时躲开浪涌电流的作用而保证在雷电流通过时不会断开。

(3) SPD 支路上的过电流保护器的动作值必须小于主电路上的过电流保护器的动作值,以保证主电路的正常工作。

图 10-15 为 TN-S 制单相电路 SPD 配置方式。

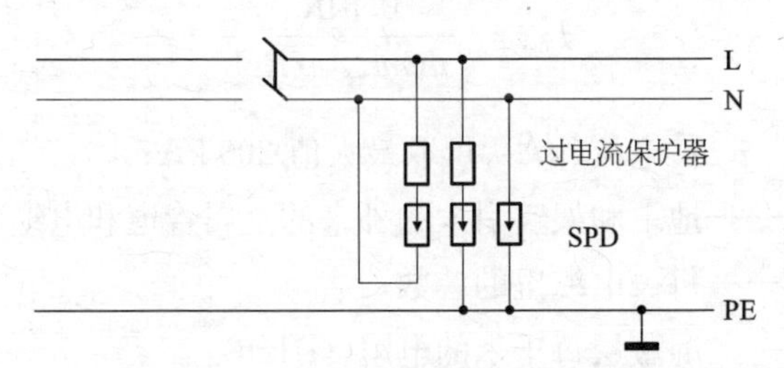

图 10-15 TN-S 制单相电路的 SPD 配置

10.5.3 控制室供电箱内 SPD 的参数选择

总配电柜和分配电柜内的 SPD 一般属电气专业设计。这里仅讨论控制室供电箱内 SPD 的参数选择。

10.5.3.1 最大持续运行电压 U_c 的选择

U_c 值与产品的使用寿命、电压保护水平有关。U_c 选高了,寿命长了,但 SPD 的电压保护水平和残压也会相应提高,故要综合考虑。

对 TN-S 系统,一般选 $U_c > 1.55U_0$ (U_0为最大工作电压)。

许多 SPD 的事故往往是由于 U_c 数值选得不够高。如有可能,在不影响电压保护水平要求的条件下,可以取$(1.73\sim2)U_0$。

10.5.3.2 标称放电电流 I_n 的计算

(1) 雷电流的分配。根据 IEC 62305－1：2010 有关条文的推荐，全部的雷电流 I（相对于 10/350 μs 波形）的 50%直接流入外部防雷装置的接地装置，还有 50%分配流入各种外来导电物，包括电力线缆、信号线缆、通信线以及金属管道等。当电源电缆为无屏蔽层时，电缆里每根芯所分配的雷电流可按式(10－10)计算，若有屏蔽层按式(10－11)计算：

$$I_{imp} = \frac{0.5I}{nm} \tag{10-10}$$

$$I_{imp} = \frac{0.5IR_S}{n(mR_S + R_c)} \tag{10-11}$$

式中 I——雷电流(kA)，可取最大值 200 kA；

n——地下和架空引入的外来的金属管道和电缆的总数；

m——每一电缆里的芯数；

R_S——屏蔽层每千米的电阻(Ω/km)；

R_c——芯线每千米的电阻(Ω/km)。

如只考虑 TN－S 制的三相五线制供电线路，只有 50%的雷电流被分配流入三相五线制的五根线中。

(2) 如何将 10/350 μs 波形的雷电流折算为相对于8/20 μs 波形的标称放电电流 I_n。这里要用到一个被称为比能量 W/R 的概念，它表示雷电流在一个单位电阻中所耗散的能量。它是雷电流的平方在雷击闪络持续时间内对时间的积分。设流过 SPD 的电流为 I，SPD 的输入阻抗为 R，则比能量 W/R 为

$$W/R = \frac{\int_0^t I^2 R \mathrm{d}t}{R} = \int_0^t I^2 \mathrm{d}t \tag{10-12}$$

如果最大雷电流为 200 kA(相对于 10/350 μs 波形),则 TN－S 制供电线路中的每根线平均通过的雷电流为

$$I_m = 200 \times 50\%/5 = 20(\text{kA})$$

根据 IEC 61312,计算单位能量 W/R(单位: J/Ω)的公式为

$$W/R = (1/2) \times (1/0.7) \times I^2 \times T_2$$
$$\cong 0.7I^2 \times T_2 \quad (10-13)$$

式中　I——雷电流的威胁值(kA);

T_2——雷电流的半峰时间(μs)。

在单位能量 W/R 相同的情况下,即 $I^2_{(350)} \times T_{2(350)} = I^2_{(20)} \times T_{2(20)}$,由此得

$$I_{(20)} = I_{(350)} \times [T_{2(350)}/T_{2(20)}]^{1/2} \quad (10-14)$$

则　$$I_{(20)} = 20 \times [350/20]^{1/2} = 83.7(\text{kA})$$

也就是说,用 8/20 μs 电流波形测试的 SPD 来替代用 10/350 μs电流波形测试的电流峰值为 20 kA 的 SPD,则前者的峰值电流约为后者的 4 倍。

考虑到在总配电柜后设有多个分配电柜,分配电柜后再供电给包括控制系统在内的多个负荷,所以总值为 83.7 kA 大的雷电流最后分流到控制系统交流电源系统时已减少到很小。经调查,标称放电电流取不小于 20 kA 足以满足要求。

10.5.4　多级 SPD 之间的能量配合和动作配合

在同一条配电线路上设置多级 SPD,此时应考虑级间的能量配合和动作时间的配合。当不能进行专门的校验时,可选用制造商建议的多级系列 SPD 产品和级间配合措施。

(1) 能量配合。从前级到后级,标称放电电流应逐级减小。

（2）动作配合。当制造商未提供SPD级间配合措施也未提出级间距离要求且各级SPD的电压保护水平相差不大时，限压型SPD与限压型SPD之间的电气距离不宜小于5 m，限压型SPD与电压开关型SPD之间的电气距离不宜小于10 m。

上述电气距离的要求，其目的主要是在低压配电线路中安装了多级SPD，由于各级SPD的响应时间的不一，有可能在设计和安装时因能量配合不当，将会出现某级SPD不动作，产生泄流盲点。为了保证前级保护的SPD比后级保护的SPD先动作，所以两级SPD间必须有一定的线距长度(即一定的感抗或加装退耦元件)来避免盲点存在的可能。

现假设电压开关型SPD的响应时间为100 ns，限压型SPD的响应时间为25 ns，由于电缆中存在着分布电容和分布电感，根据行波理论，雷电流在电缆中的传播速度为1.5×10^{8} m/s，那么雷电流在这个时间差(100−25)ns内向前行进的距离为S：

$$S = 1.5 \times 10^{8} \times 75 \times 10^{-9} = 11.25(\mathrm{m})$$

即电压开关型SPD和限压型SPD之间的距离在大于11.25 m时，就可以保证前级SPD先动作，从而达到将大的雷电流先泄放掉的目的。由于SPD实际响应时间有一定的误差，所以一般取大于10 m。

如果两级保护的SPD均为限压型，响应时间均为25 ns，如果两级SPD动作的时间差也为25 ns，那么两级间应相距：

$$S = 1.5 \times 10^{8} \times 25 \times 10^{-9} = 3.75(\mathrm{m})$$

为保险起见，故取5 m。

如在实际情况中，难以满足上述的距离要求，而参数选择上也难以配合时，可以在两级SPD之间加装退耦装置(即一定的电感量L)来实现。

各级电源SPD能量配合的最终目的是将总的威胁设备安

全的电压、电流浪涌值减低到被保护设备所能耐受的安全范围内，而各级电源 SPD 泄放的浪涌电流不超过自身的标称放电电流。根据 IEC 61312－3 的规定，末级电源 SPD 的保护水平还必须低于被保护设备的抗扰度。

另外，在易燃易爆的危险场所，SPD 应安装在爆炸的区域之外。如安装在暴露于爆炸介质或爆炸烟尘所在区域的 SPD 必须要通过国家或国际测试机构的本安论证或隔爆论证，后面将详细讨论。

10.6 信号、通信线路的 SPD

在信号、通信线路上设置 SPD 的基本原则是：

(1) 信号、通信线路上的 SPD 应不会造成现场信号的明显衰减和加大误码率。

(2) 其紧靠被保护端口的保护元件不得采用气体放电管而应采用高响应速度、响应时间不超过 10 ns 的 SPD。

10.6.1 SPD 配置的参考原则

关于 SPD 的配置目前还没有一个合理可行的原则，所以下述的配置原则谨做参考用。

(1) 凡经室外引入控制系统的信号和通信电缆，电缆在室外的敷设长度大于 50 m，且满足下列条件之一时，宜在线路的两侧装设浪涌保护器：

① 安全系统的 I/O 参数。

② 重要控制参数和通信电缆。

(2) 凡符合下列情况之一者，可以不考虑装设电涌保护器：

① 室内敷设(符合规范规定的电缆屏蔽和敷设要求)的I/O信号和通信电缆。

② 现场端侧的热电偶。

③ 由配电间、电气控制室以及大功率开关现场端来的强电开关量信号。

④ 室外埋地的双层屏蔽电缆且两端出地面后在室内，或室外长度小于 30 m 时。

10.6.2　I/O 信号 SPD 的参数值

供电电源为 DC 24 V 信号、电流为 4～20 mA 的控制系统 I/O 信号的 SPD 参数宜符合表 10－5 的规定。

表 10－5　控制系统 I/O 信号的 SPD 参数

最大持续运行电压 U_c	标称放电电流 I_n(kA)	响应时间(ns)	电压保护水平 U_p	测试波形
≥30 V(大于供电电源的最高电压)	≥2	<5	小于被保护设备所能承受电压的 0.8 倍	表 10－2 中的Ⅱ级或Ⅲ级试验等级

现场仪表用的 SPD 应安装在与被保护仪表相同的防护、防爆等级的保护箱内。如现场仪表无保护箱，宜采用直接拧在变送器备用电缆接口螺纹上的 SPD。

10.6.3　通信端口上的 SPD 的主要参数

凡通信端口若符合上述配置条件时，应根据线路的工作频率、传输介质、传输速率、传输带宽、工作电压、接口形式和特性阻抗等参数，选用电压驻波比和插入损耗小、适配的 SPD。也就是说所选择的浪涌保护器也要具备和通信线路相同的性能。

10.7　SPD 安装中的一个问题

浪涌保护器应安装在被保护设备的前端，并与其他电气设备保持一定的距离。《建筑物电子信息系统防雷技术规范》还规定了浪涌保护器连接的导线的长度不宜超过 0.5 m。

浪涌保护器两端连接线长度(即图 10-16 中的 l)之所以不宜超过 0.5 m,其原因之一是降低雷电流通过引线上的时间,从而提高 SPD 的保护安全性能。因为电缆介质存在着分布电容和分布电感,按行波理论,雷电流在电缆中的传输速度为空气中光速的 1/2,即 1.5×10^8 m/s,通过 0.5 m 长导线的时间可达 3.4 ns,若连接线太长将影响 SPD 的响应时间。其原因之二是因为浪涌保护器其两端连线存在着分布电感,雷电流在其上产生的感应电压将施加在被保护设备上。由图 10-16 可知,最右边的被称为“凯文接法”为最好,因这时的连接长度 $l=0$。

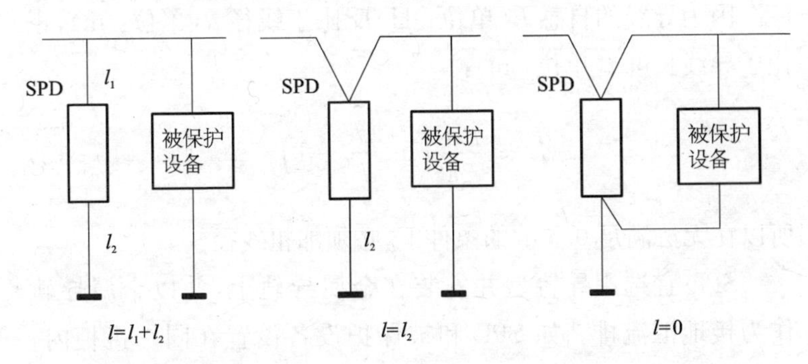

图 10-16 导线连接的浪涌保护器其两端连线总长度的示意图

例: 如图 10-17 所示,已知峰值为 10 kA、10/350 μs 波形的雷电流通过 SPD,设连接线路的自感为 1 μH/m,被保护设备的耐压为 2.5 kV,SPD 的电压保护水平 V_p 为 1.5 kV,如 SPD 两端引线长度 $l_1+l_2=0.5$ m,则残压为

$$U_{AB}=V_p+(l_1+l_2)L\mathrm{d}i/\mathrm{d}t=1.5+0.5\times1\times10/10$$
$$=2.0(\mathrm{kV})<2.5\ \mathrm{kV}$$

由于残压小于被保护设备的耐压,故没有问题。如 SPD 两端引

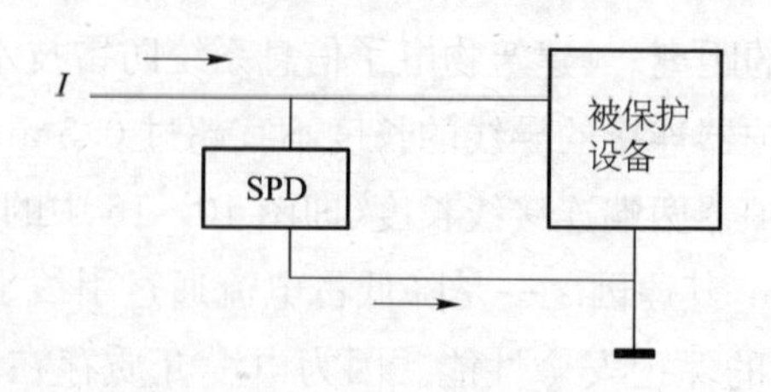

图 10-17　SPD 的连接线长度

线长度 $l_1 + l_2 = 2\,\mathrm{m}$，则

$$U_{\mathrm{AB}} = 1.5 + 2 \times 1 \times 10/10 = 3.5(\mathrm{kV}) > 2.5\,\mathrm{kV}$$

由于残压大于被保护设备的耐压，被保护设备因不能承受而损坏。

因为导线的自感 L（单位：H）反比于线径 d（单位：m），正比于导线长度 l（单位：m）：

$$L = \frac{\mu_0 l}{2\pi}\left(\ln \frac{4l}{d} - 1\right) \tag{10-15}$$

所以在无法满足 0.5 m 的条件下，必须加粗线径。

SPD 宜选用导轨型并安装在金属导轨上，并以金属导轨作为接地汇流排。如 SPD 和被保护设备设置在同一机柜内，信号用的 SPD 接地应满足如图 10-18 所示的原理图。即控制系统的工作接地端子必须和金属导轨相连，并在金属导轨处接地。

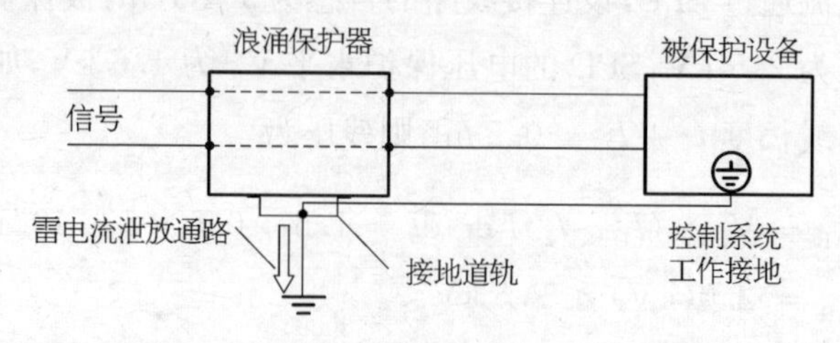

图 10-18　浪涌保护器接地的原理要求

如浪涌保护器与被保护设备不在同一机柜内，图 10 - 19 为正确的接线方法，而图 10 - 20 为不正确的接线方法。

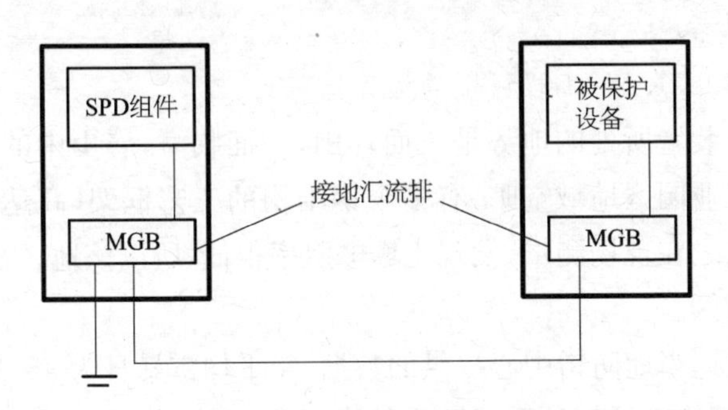

图 10 - 19 正确的接线方法

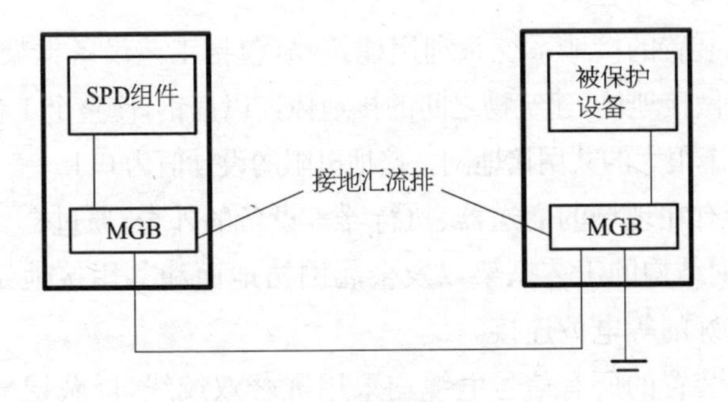

图 10 - 20 不正确的接线方法

10.8 几个案例分析所带来的思考

10.8.1 控制系统的雷电防护是否一定要使用 SPD

2007 年夏天，应某公司之邀，对其 MDI 工艺装置的控制系统(DCS)的雷电防护进行了风险评估。

该装置的 DCS 采用国外某著名公司的产品，是 2005 年秋投产的。之后的两年来，工艺框架的建筑物与金属构筑物的防直击雷装置曾多次接闪，但控制系统安然无恙。为此，我们根据现场情况对控制系统已有的雷电防护措施做出评价，并引发出一点思考。

10.8.1.1　工程环境的描述

该装置所处的地势是三面环山，一面临海，属山中的平地。整个工业园区地域空旷，有多个钢结构的工艺框架，高达40余米。加之在现场测量，发现土壤电阻率很低，所以该地区是明显的引雷区。

根据当地防雷中心提供的数据，年平均雷暴日为45 d/a，根据《建筑物电子信息系统防雷技术规范》对雷电活动区的划分，该地区属多雷区。

该装置的接地系统系利用建筑物（包括工艺设备框架）的基础钢筋做接地体，建筑物之间的接地体连以扁钢，使整个工业园区形成一个很大的共用接地网。接地电阻的设计值为0.15～0.4 Ω。

所有在现场的变送器、执行器等设备的外壳，通过金属安装支架、钢结构的工艺框架以及金属网格地面和共用接地系统实行了完好的等电位连接。

本装置的所有信号电缆均采用屏蔽双绞线，屏蔽层一端在主控制室内接工作地，做静电屏蔽用。

所有的信号电缆在外部均采用镀锌钢制走线槽，并利用走线槽的金属支架做自然接地。在现场测量了金属支架的自然接地电阻值为0.18 Ω，每节镀锌钢制走线槽之间的跨接电阻为0.3 Ω，完全符合《建筑物防雷设计规范》的要求。

主控室（包括机柜间、操作间、工程师站、UPS间和值班室等）是一座砖混结构的单层建筑物。采用屋面避雷网防直击雷。和主控室相距约40 m的东侧为工艺设备区（图10-21）。I/O信号线缆从东侧架空沿着一个方向进入机房，而后在活动地板下进各个编组柜。

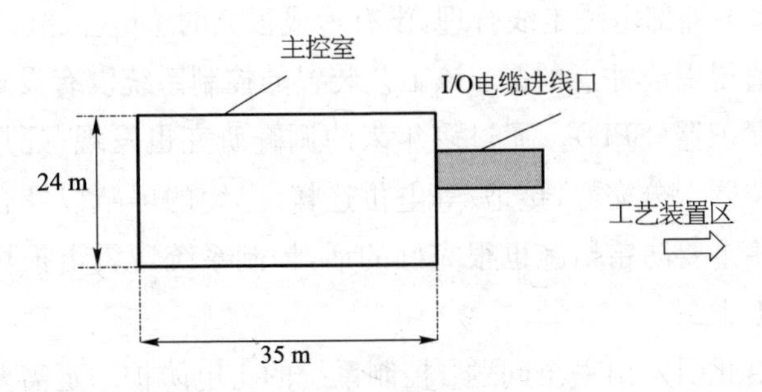

图 10－21 主控室建筑物的电缆进线口

10.8.1.2 对已有防雷措施的评价

在现场调查时发现，位于工艺框架顶部（40 多米高处）的 4 支避雷针的尖顶发黑（非锈斑），这是雷击接闪的痕迹（但无法判明它们接闪的准确时间，但根据现场反映，可能是 1 个月前）。这说明这 4 支避雷针最近接闪过。

该装置的 DCS 系统以及现场的所有变送器和执行器，自开车后的两年来从未因雷击发生过损坏。一个装置的外部防雷装置多次接闪，但其控制系统却没有损伤过，这绝非偶然。究其原因可以归纳为如下三点：

（1）如前所述，由于全园区采用一个面积很大的公用接地网，而且土壤的电阻率又很低。这样，无论是 DCS 的保护地或工作地，或者是现场变送器、执行器的外壳接地，均同在一个公用接地网上。加之，工艺框架本身又是金属结构的良导体，所以在工艺框架遭受雷击时，主控室内 DCS 的接地点和现场的变送器、执行器的接地点之间的地电位差很小，绝不会发生因反击造成的闪络和损伤。

（2）由于 DCS 系统所有的 I/O 电缆采用了双层屏蔽，即内层为屏蔽双绞线的屏蔽层（屏蔽层单端接地），外层是利用 I/O 电缆的金属走线槽做屏蔽层，并每隔 5 m 利用走线槽的支架接地，大大抑制了雷电电磁脉冲的电容性耦合和电感性耦合。

(3) 外部电缆走线合理,没有形成很大的感应会路。

值得引起注意的是:该工艺装置的控制系统没有设置一台浪涌保护器(SPD)。通过多年来的调查研究也发现,凡是外部防雷装置十分完好,接地/等电位连接、电缆的屏蔽以及合理布线这些重要防雷措施也很完好的话,控制系统遭雷击损坏的可能性极小。

由此引发出一个问题:控制系统的雷电防护一定需要使用SPD吗?

控制系统的雷电防护措施,必须要在工程的设计阶段予以充分考虑,即防患于未然,这才是解决防雷的最好阶段。如在工程施工完成并投产后再发现问题并欲做修改,谈何容易。从而也印证了 IEC 62305 中所说的:对扩建和改建装置,如果接地系统、电缆类型和不同线路的安装条件已被确定,使用 SPD 是保护设备的唯一可行的方法。

10.8.2 因反击造成的雷击事故

1975 年在荷兰发生过一个惊人的案例,一个 5 000 m^3 的地下煤油罐因雷击而爆炸(图 10-22)。其原因是:煤油罐旁边的一颗柳树遭受雷击时,煤油罐的电位随柳树的接闪而升高。由于煤油罐内的温度是通过一支热电偶测量的,该热电偶又通过

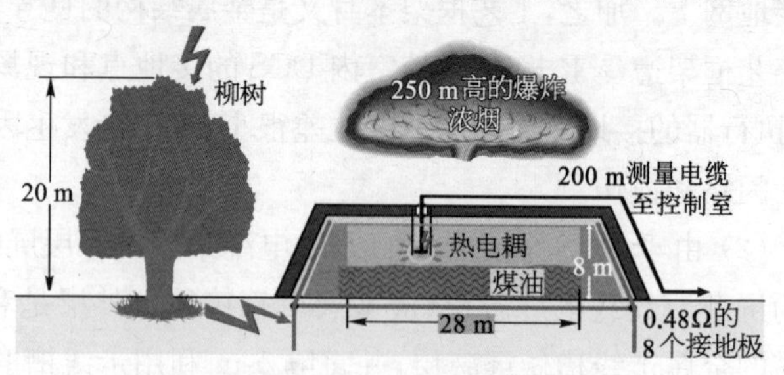

图 10-22 雷击导致煤油罐爆炸

一根补偿电缆和200 m外的控制室的显示系统相连接，显示系统是单独接地的，可以认为它的地电位为零。这样就导致热电偶和煤油罐的测温套管间产生了闪络，其火花将煤油点燃后引起爆炸。

类似案例，在有的文献上称作“雷击法拉第笼造成对‘法拉第孔’内导线的闪络”。其原理如图 10－23 所示。图中的法拉第笼由于雷电流（假定为 100 kA）在其接地电阻（假定为 1 Ω）上会产生很大的压降（达 100 kV）。来自远处并在远处单独接地的一根电缆，其内部芯线的电位近似为零，电缆的绝缘强度一般仅能承受数百伏，更高的电压必然导致在法拉第孔处造成孔内芯线的闪络击穿并带有电弧。

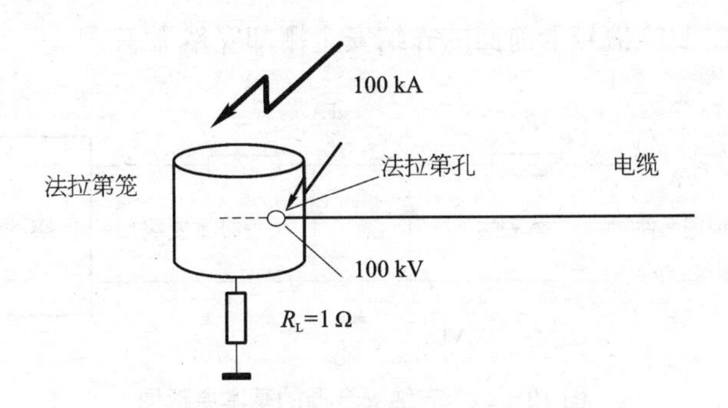

图 10－23 雷击法拉第笼造成对“法拉第孔”内电缆的闪络

10.8.3 安全栅能否替代 SPD

2003 年 7 月 21 日某石化总厂沥青装置遭受雷击。该案例中有一个问题值得思考：遭雷击时，雷电流是沿外部电缆进入DCS 控制系统的，为什么安装在 DCS 的 I/O 信号卡前面的LB900 型齐纳安全栅安然无恙，而后面的 I/O 卡却损坏了。是否是齐纳安全栅的抗扰度高于 I/O 卡所致？

图 10－24 为齐纳安全栅的基本原理图。由图 10－24 所示的齐纳安全栅原理图可知，无论是由非本安端或现场端，当电压超过一定值时，要通过毫秒级的响应时间(该数据应由制造商提供)后方使齐纳二极管 VD_1、VD_2 反向击穿并产生雪崩，从而将能量释放到地里去。而雷电浪涌的时间是微秒级的，远小于雪崩时间和快速熔断器 FA_1 的熔断时间。如果雷电流在金属导线内的传输速度为 1.5×10^8 m/s，假定安全栅位于 DCS 前面 3 m，则从安全栅到 DCS 的传输时间为 20 ns。如果一旦有雷电流从现场经过安全栅，还未等齐纳二极管产生雪崩，雷电流已进入 DCS 系统，将 DCS 的 I/O 卡损坏，并将进入的雷电能量释放掉的同时却保护了安全栅。所以为什么雷击时，I/O 卡损坏了，连接在 I/O 信号卡前面的齐纳安全栅却安然无恙。

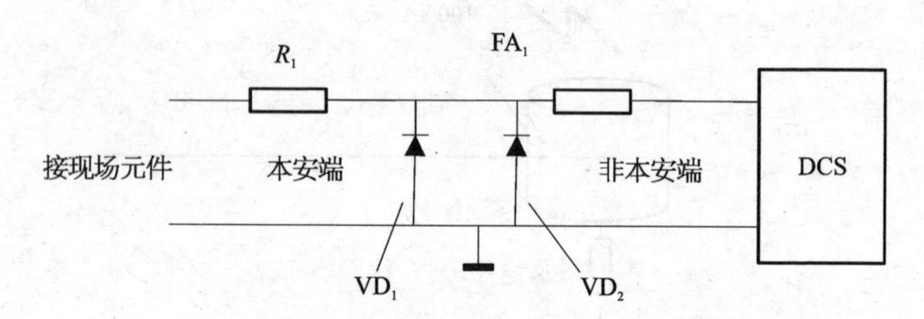

图 10－24　齐纳安全栅的基本原理图

曾经在工程界有人认为：安全栅的作用原理基本同于浪涌保护器，故安全栅可以替代末级的浪涌保护器。此案例说明，由于两者响应时间的差别很大，安全栅不能替代末级的浪涌保护器。

10.8.4　某燃气公司混配站的雷击案例分析

某燃气公司的天然气混配站，为使用安全起见，需降低热值，往天然气里充空气。但又必须防止空气和天然气的混合比例在爆炸极限范围之内。故设置了一台测量燃气站混合气里含氧量的仪表，该仪表由安装在现场的分析单元以及设置在控制室内的控制单元组成，它是美国 TELEDYNE 分析仪表公司的 327RA 型产品（美国专利 U.S. PAT. ＃3,429,796），它对整个天然气和空气的混配过程的操作具有举足轻重的作用。

2003 年 8 月 10 日遭受雷击时，将设置在控制室内的控制单元打坏，迫使整个装置不得不停车，严重地影响整个城市的供气，并惊动了省市领导。

根据被打坏的控制单元的元件，并查阅了控制单元信号输入部分的电子线路（图 10－25），判断损坏件是图中的 A_2（OP07）运算放大器，从而说明，雷电流是从分析单元通过外部连接电缆从 2—3 端进入，经过 A_1（OP07）运算放大器量程选择开关的反馈通路直接进入 A_2（OP07）运算放大器的，然后将其击穿。

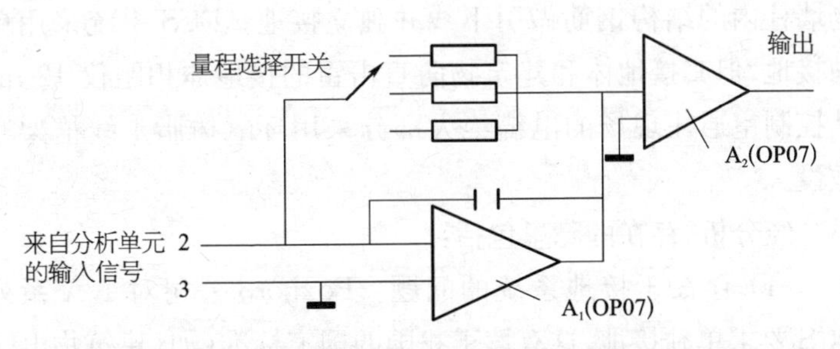

图 10－25　含氧控制单元信号输入的电子线路图（局部）

该含氧分析仪从安装在现场的分析单元到控制室内的控制单元，之间总共有 7 根信号线相连，中间相距约 150 m，采用的是单层的屏蔽电缆并仅在控制室一端接地。电缆沿深度为 700 mm、宽约 800 mm 的砖砌地沟内敷设，沟内的电缆没有用金属管和金属走线槽保护并接地，即连接电缆没有采取双层屏蔽和多端接地的措施。所经之地又有四处和建筑物接闪带的引下线的接地点相距很近。雷击时，显然是通过电磁感应将雷电流沿信号电缆带入控制单元将其损坏的。

由此可见，从分析单元到控制单元的这根信号电缆必须采用双层屏蔽，最好穿金属管直接埋地敷设。必要时还可在该信号电缆的两侧加设 SPD。

该案例的现场分析让人意识到，直接查找被雷电击坏的控制器内部的元件，有利于原因分析并提出改进措施。

10.8.5　某石化公司加氢裂化装置 DCS 的雷害隐患

某石化公司加氢裂化装置在施工完后即将开车之际，邀请专业团队对该装置的控制系统是否还存在什么雷害隐患进行评估。

该装置的控制系统采用的 DCS 系统为美国 Foxboro 公司的 I/A 系列。控制室所在建筑物的顶部采用避雷网，利用建筑物墙柱内的结构钢筋做引下线并独立接地。DCS 系统采用单独接地，但其接地体和建筑物防直击雷的接地体相距仅 12 m。从控制室通往现场的电缆绝大部分采用环氧树脂走线槽架空敷设。

经分析，存在的隐患包括：

(1) 存在于接地系统的问题。Foxboro 公司对 I/A 系列 DCS 要求单独接地，这有悖于我国的国家标准（如《建筑物电子信息系统防雷技术规范》）中的“必须采取等电位连接与接地保护措施”的规定。而我国的这些标准均源于相关的 IEC 标准。按照国际惯例，本可要求设备供货商应按国际标准和国家标准的接地要求实施的，但由于片面地按照供货商的要求，给控制系统带来了如下的几点隐患：

① DCS 的单独接地体和建筑物防雷系统的接地体相距小于规范标准规定的 20 m，当机柜室所在的建筑物遭受雷击，由于地电位的升高，会对 DCS 造成放电反击，使 DCS 失效乃至

损坏。

② 本装置所有现场变送器的外壳都因为金属安装支架自然接地的，当变送器附近的设备或建筑物遭雷击时，由于地电位的升高，而控制室内的控制系统是单独接地的，可以使变送器和控制系统两处的地电位差达几万甚至几十万伏，从而使变送器和 DCS 失效或损坏。

③ 所有机柜的接地汇流排没有采用分类汇总的连接方法，现有的所谓环路(即串联接地)连接，会对各柜间的接地系统产生耦合，这尤其对本安地是绝对不允许的。

(2) 存在于电缆屏蔽的问题。很大部分的雷电流都是通过外部电缆进入 DCS 端口的，所以信号的传输线应双层屏蔽，最好是穿金属管埋地敷设，或利用金属走线槽多端接地。而本装置的电缆绝大部分采用环氧树脂走线槽架空敷设的，起不了抑制电感性耦合的屏蔽作用。

(3) 其他可能存在的问题。要关注建筑物防雷装置引下线的具体位置，这对线缆敷设以及盘柜的布置有着举足轻重的影响。而该装置的自控设计图纸中，根本没有标注外部电缆在进入控制室时与引下线之间的距离。

由此可见，该工程由于在设计阶段未对雷电防护做周详的考虑，带来了许多隐患。

10.9　浪涌保护器（SPD）的隔爆论证和本安论证

本节讨论在有爆炸危险的环境下，控制系统防雷所采用浪涌保护器必须进行隔爆论证或本安论证的原理和方法。

10.9.1　概述

物体燃烧的容易与否取决于下述三个因素：

(1) 燃烧物质的物态。在气态爆炸物混合物中,可燃物质的分子高度地被分散,只要有较小的能量就可以把部分气体分子加热活化到引起激烈氧化反应的程度而引起燃烧。所以可燃气体(或易燃液体、易燃固体蒸气)与空气的混合物,其着火能量相比液态、固态都小。

粉尘与空气形成的爆炸性混合物中,虽然粉尘分子的数量大大地超过气态,但因为粉尘粒度细,因此使其升温活化达到燃烧所需的能量大大低于块状固体。

(2) 着火能量的大小。一般可燃气体和易燃液体的着火能量都很小,如汽油仅为 0.2 mJ(约 1/20 000 cal 都不到)。

(3) 火源的方式。火源一般有明火、静电火化和电火化三种。若以电火花作为火源,则感抗电路中产生的火花最易点燃,容抗电路次之,阻抗电路第三。

而爆炸是快速燃烧的结果。产生气体爆炸的主要条件是:

(1) 有足够浓度的可燃性物质的存在。

(2) 有足够的空气(氧气)的存在,可形成可燃气体混合物。

(3) 有足够能量的火源。

以上三个条件必须同时存在才会发生爆炸事件。

可燃性气体的性质不一,使爆炸的感度也不一样。把可燃性气体的相关性质称之为爆炸参数,它包括闪点、自燃温度、最小点燃电流、爆炸上下限值和最大试验安全间隙等。

(1) 闪点。闪点是指引起闪燃时的温度。所谓闪燃是指可燃液体(或固体)的表面上,在一定的温度时会产生一定的可燃蒸气的浓度,当其在空气中达到一定的可燃性混合物浓度时,遇到火源就会发生燃烧瞬间火光的现象。所以,易燃液体(或固体)在闪点以上温度时,遇到明火会随时发生点燃的危险。反之,在闪点以下温度时,可燃蒸气的压力低,其与空气混合生成的混合物还不足以与明火相遇而有被点燃的危险。

(2) 自燃温度。自燃是物质因长期的缓慢氧化作用，在无明火或电火花情况下而自发地发生燃烧现象。这个现象可能是易燃物质因受外界热源作用下升温达到自燃温度点，或者是由于自身内部化学或物理作用或生化过程使热量积聚，升高温度而达到自燃温度点。不论哪种情况，凡是能使可燃物质发生自燃的最低温度被称为该物质的自燃温度。

(3) 最小点燃电流(MIC)。在图 10－26 规定的试验装置上，用直流 24 V，95 mH 的电感电路的火花进行 3 000 次点燃试验，能够发生点燃的最小电流。此电流若降低 5%即不能点燃。

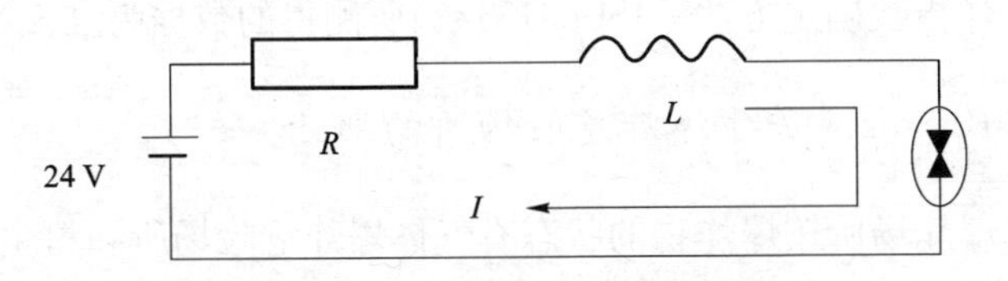

图 10－26　最小点燃电流试验装置

最小点燃电流比(MICR)是各种可燃气体或蒸汽与空气相混合的混合物的最小点燃电流和甲烷/空气混合物的最小点燃电流之比值。

(4) 爆炸极限值。可燃气体(或蒸汽)与空气混合形成的可燃气体浓度低于该可燃气体的爆炸下限(LEL)或高于其爆炸上限(UEL)都不会发生爆炸。上限或下限一般被称为爆炸极限。上限和下限间的可燃气体浓度称为爆炸范围，不属于上限和下限内的范围称为非爆炸范围。

爆炸范围不是一个固定不变值，它受下列因素的影响：

① 温度升高，爆炸下限值下降，上限值上升，即范围变宽，危险增大。

② 可燃气体的分子量愈大，爆炸下限愈低，即危险性愈大。

③ 压力降低时(接近 0.1 MPa),对可燃气体爆炸范围影响很小,当压力升高时,有一定影响,但随不同可燃物的种类而异。

(5) 最大试验安全间隙(MESG)。该参数是在规定的标准试验条件下进行的。在一个壳体内充有一定浓度的被试验气体(或蒸汽)与空气的混合物,点燃后,通过 25 mm 长的接合面均不能点燃壳外爆炸性气体混合物,则外壳表面和内壳表面之间的最大间隙称为最大试验安全间隙。

(6) 爆炸指数。爆炸指数系表征可燃气体与空气混合物发生爆炸的猛烈程度。通常爆炸指数是按照《可燃气体/空气混合物爆炸指数确定方法》(ISO 6184/2)所测得的数据为准。

10.9.2　关于爆炸危险场所的划分

爆炸场所按爆炸物的状态有气体爆炸危险场所和粉尘爆炸危险场所两大类。对危险场所的分类原则是按爆炸物出现的频度,出现后持续时间的长短以及其危险程度的不同而进行划分的。《爆炸危险环境电力装置设计规范》(GB 50058—2014)规定,爆炸性气体危险场所按其危险程度大小,划分为 0 区、1 区和 2 区三个等级,爆炸性粉尘或纤维的危险场所按其危险程度大小,划分为 10 区和 11 区两个等级。此外,将能引起火灾危险的区域划分为 21 区、22 区和 23 区三个等级。

在生产现场,哪些地方属爆炸危险场所,离开多少距离之外属非爆炸危险场所,这些问题一般由工艺专业人员根据有关规定来确定。

在工程设计中遇到较多的情况是为了让控制室避开爆炸危险场所,常用有门的隔墙来降低危险区域的等级。与爆炸危险场所相邻的隔墙应该是坚实牢固的非燃性实体,隔墙上的门应该由坚固的非燃性材料制成,且有密封措施和自动关闭装置。

条件完善的控制室一般可认为系安全场所。

10.9.3 适用于 SPD 的防爆机制

安装在具有爆炸危险的工艺现场的 SPD，目前市场上有隔爆型和本质安全型(简称本安型)两种。

10.9.3.1 隔爆型 SPD

隔爆型 SPD 系基于间隙防爆原理。早在 19 世纪初，德国科学家贝林(Bcyling)在研究火焰穿过金属间隙时，发现如下的情况：在圆柱形的法兰容器内引燃事先充有的甲烷与空气的混合物，当法兰的间隙高度小到一定程度时，不会引起容器外面的甲烷与空气混合物爆炸。因为金属法兰间隙不但能阻止爆炸火焰的传播，还能冷却爆炸产物的温度，达到熄火、降温和隔离爆炸产物的效果。隔爆型 SPD 就是用间隙防爆原理进行设计和制造的。

隔爆间隙种类有圆筒结合面、螺纹结合面、金属微孔(粉末冶金)等结构。由于隔爆型 SPD 在开盖后就失去防爆性能，因此不能在带电的情况下打开外盖进行维修。

如爆炸危险区域内的现场仪表为隔爆型，则保护现场仪表的 SPD 也应为隔爆型。

10.9.3.2 本安型 SPD

本安型 SPD 系基于减小点燃能量的防爆机理。

这最初是英国科学家提出来的，即通过限制电路中的电气参数，降低电路的电压、电流和功率，或采取某些可靠保护电路，阻止强电流和高电压窜入危险场所，保证爆炸危险场所中的电路因开/断产生的电火花或热效应能量小于爆炸性混合物的最小点燃能量，即不能点燃起爆炸性混合物。

由于本安型 SPD 结构简单，体积小，重量轻，制造和维护方便，具有可靠的安全性，能直接应用在最危险的 0 区场所，特别是石油化工企业。

10.9.4　本安型系统的认证

本安型防爆仪表(如现场仪表)和其关联设备(如安全栅)组成的系统,在规定的试验条件下,正常工作或故障状态下所产生的电火花和热效应均不能点燃规定的爆炸性气体混合物的系统被称为具有本安型特性的仪表系统。

不带 SPD 的本安型系统由本安型设备、关联设备及连接电缆(或导线)三者组成(图 10-27)。

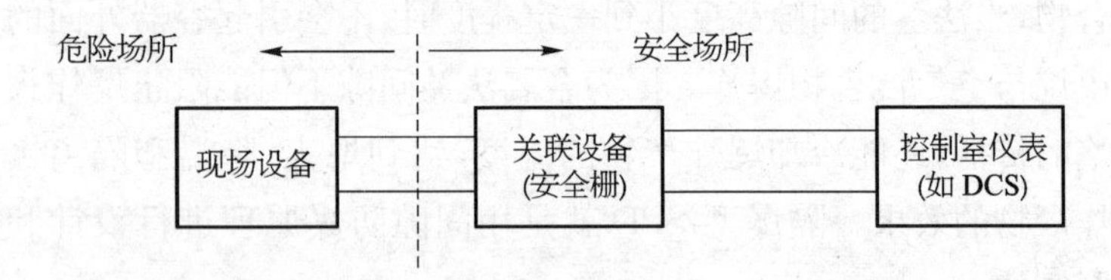

图 10-27　本安型系统(不带 SPD)的组成

目前,国际上各防爆检测机构对本安型防爆系统的认证方法,有下列两大类:系统认证(System Approvals)和参量认证(Parametric Approvals)。

系统认证在国内又被称为“联合取证”,它是指把被检验的本安设备和被检验的关联设备所构成的系统一起进行检验。系统一经认证,系统中任一设备不能用未经检验机构认证过的其他型号、规格的本安(仪表)或关联设备替代。

参量认证系指对单台设备(本安仪表或关联设备)进行检验认证,并给出一组相应的安全参数。通常,采用这种方法认证的本安设备可以与具有相兼容的关联设备连接使用。美国 FM(工厂联研会)把这种认证方法称为“整体认证”(Entity Approvals),把相应的安全参数称为“整体参数”(Entity Parameters)。

图 10-27 中的现场设备分为“简单设备”和“非简单设备”

两类。所谓简单设备系指不会产生也不会存储超过 1.2 V、0.1 A、25 mW 和 20 μJ 的电气设备，如简单触点、热电偶、热电阻和电阻性元件等，它们不会产生足以点燃可燃性气体的能量。如可能产生也会存储超过上述数值的电气设备，则被称为非简单设备，如变送器、电磁阀、转换器、接近开关等。

通常，国际上认证的现场本安设备时，他们的整体安全参数包括(下标为 i)：

V_i——在故障条件下，现场本安设备可接受的最大电压；

I_i——在故障条件下，现场本安设备可接受的最大电流；

P_i——在故障条件下，现场本安设备可接受的最大功率；

C_i——现场本安设备内部的等效电容；

L_i——现场本安设备内部的等效电感。

等效电容和等效电感是储能大小的象征。

图 10-27 中的关联设备(如安全栅)是与本安型现场防爆仪表紧密相关的一种限能设备，其本身的电路不一定是本安型的，但它能影响本安电路中的能量，常被用来保持电路的本安性能。

关联设备的整体安全参数(下标为 o)包括：

V_o——在故障条件下，可能传送到危险场所的最大输出电压；

I_o——在故障条件下，可能传送到危险场所的最大输出电流；

P_o——在故障条件下，可能传送到危险场所的最大输出功率；

C_o——关联设备允许外接的最大电容(包括连接电缆的分布电容)；

L_o——关联设备允许外接的最大电感(包括连接电缆的分布电感)。

安全栅是本安防爆仪表系统中最常见的关联设备，它连接在本安电路和非本安电路之间，在正常工作条件下能使系统完好地工作，而在故障条件下其作用是限制电流和电压，不使危险能量窜入到本安电路中去，以确保本安电路的安全性能。

由于关联设备与现场设备间的连接电缆存在分布电容和分布电感，因此其储能势必对本安系统的防爆性能造成影响。在实践过程中通常将电缆按集中参数处理，其安全参数（下标为c）主要包括：

C_c——本安系统连接电缆允许的最大的分布电容；

L_c——本安系统连接电缆允许的最大的分布电感。

连接电缆的分布电容和分布电感一般由电缆制造厂提供数据，在制造厂未提供数据时，可参照日本电气学会本质安全调查专门委员会提供的公式进行计算 C_c（单位：μF/km）和 L_c（单位：mH/km）：

$$C_c = \frac{0.02413\varepsilon}{\lg \dfrac{d}{D}} \tag{10-16}$$

$$L_c = 0.2\ln \frac{2S}{d} + 0.05 \tag{10-17}$$

式中 S——导线间的中心距（μm）；

d——导线外径（mm）；

ε——绝缘体介电常数；

D——导体绝缘外径（mm）。

一种简单的方法，可将分布电容和分布电感按 $L_c < 0.66\ \mu\text{H/m}$，$C_c < 197\ \text{pF/m}$ 来进行验算，如 1 000 m 长度的信号线，其总的分布电容和分布电感为

$$C_c = 197 \times 1\,000 = 197\,000(\text{pF}) = 0.197(\mu\text{F})$$

$$L_c = 0.66 \times 1\,000 = 660(\mu\text{H}) = 0.66(\text{mH})$$

若论证时未知连接电缆的实际长度，可按 500 m 进行估算。

不带 SPD 的本安型系统的参量认证，只需比较关联设备和本安设备的整体安全参数。当它们满足下列关系式时，就不必经认证机构认证，就可构成本安系统：

(1) 现场本安设备可接受的最大电压≥关联设备产生的最大电压，即 $V_i \geqslant V_o$。

(2) 现场本安设备可接受的最大电流≥关联设备可能产生的最大电流，即 $I_i \geqslant I_o$。

(3) 现场本安设备可接受的最大功率≥关联设备可能产生的最大功率，即 $P_i \geqslant P_o$。

(4) 关联设备允许外接的最大电容≥现场设备与电缆的等效电容之和，即 $C_o \geqslant C_i + C_c$。

(5) 关联设备允许外接的最大电感≥现场设备与电缆的等效电感之和，即 $L_o \geqslant L_i + L_c$。

带 SPD 的本安型系统如以图 10－28 为例，即在信号回路的两侧均设置 SPD，此时，本安认证的要点是：

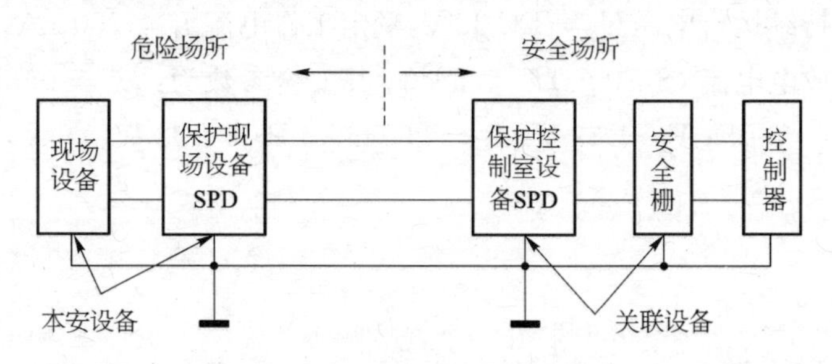

图 10－28　带 SPD 的本安系统认证

(1) 安装在爆炸危险区域内的现场仪表为本安型，则保护现场仪表的 SPD 也应为本安型。本安型 SPD 可以是“简单设备”，具有不存储也不产生点燃可燃性气体能量的特性。一般，由气体放电管、电阻和二极管组成，或采用金属氧化物变阻器组成的混合型 SPD 属于“简单设备”。

（2）安装在安全场所内（如控制室内）的保护控制室内设备的 SPD 不属于本安设备，而是本安电路的关联设备。按目前国内外的做法，不需要本安关联仪表的系统认证。

（3）保护控制室内设备的 SPD 必须安装在安全栅前。该 SPD 和安全栅不能相互替代。

如本安型 SPD 是“非简单设备”，应通过特定的安全参数的认证。其安全参数（下标为 s）为：

（1）等效内部电感 L_s，一般通过特殊元件的选择，可以忽略。

（2）等效内部电容 C_s，一般通过特殊元件的选择，可以忽略。

（3）不破坏本安，允许的最大输入电压 V_s。

（4）不破坏本安，允许的最大输入电流 I_s。

（5）不破坏本安，允许的最大输入功率 P_s。

如某本安型 SPD 产品，其额定工作电压 $U_n = \text{DC } 24\text{ V}$，最大持续运行电压 $U_c = \text{DC } 32\text{ V}$，额定工作电流 $I_L = 250\text{ mA}$，标称放电电流（8/20 μs）$I_n = 5\text{ kA}$。其安全参数为：$L_s = 0\text{ mH}$；$C_s = 0\text{ μF}$；$V_s = 32\text{ V}$；$I_s = 250\text{ mA}$；$P_s = 1.3\text{ W}$。

11

控制系统的抗扰度与发射

在复杂的电磁环境中，作为电磁干扰的“感受体”，无论是仪表，或者是控制系统，虽然它们无法承担起抑制电磁干扰的全部贡献，但它们对电磁干扰应具备一定的抗干扰能力，这可以用产品的抗扰度(Immunity)来衡量。

对诸如显示表、记录表以及所有的模拟量输入装置，国内外曾用共模干扰抑制比 CMRR 和串模干扰抑制比 SMRR 来衡量它们的抗干扰能力。但 CMRR 和 SMRR 仅仅考虑的是电磁干扰对模拟量输入装置测量精度的影响。

如何减少设备间的电磁骚扰，即在可能的电磁环境中，控制系统还不应成为环境中的一个电磁污染源去影响其他电子设备的正常运行，这可以用发射(Emission)来表示。

下面分别讨论这些内容。

11.1 抑制串模干扰和共模干扰的能力

所有的模拟量输入装置，在信号传递过程中的所谓干扰系指由外来能源引起的、使所需信号的接收受到扰乱或使信号本身受到扰动的一种现象。

根据干扰源V_c和信号源V_s的连接关系，或者说按干扰源V_c对电路作用的形态有串模干扰和共模干扰之分(图 11-1)。

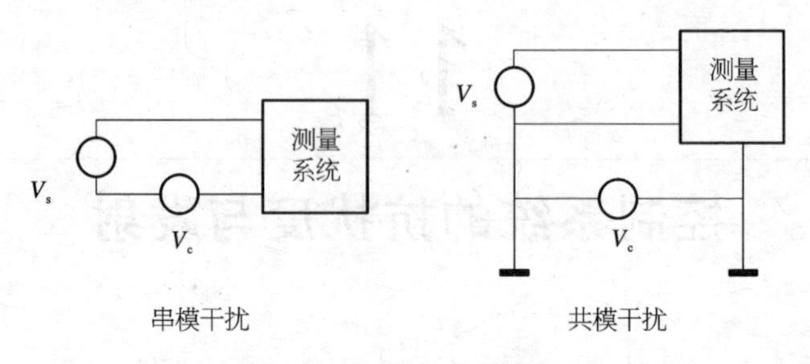

图 11-1 串模干扰和共模干扰

所谓串模干扰就是干扰源V_c串联于信号源V_s之中，或者简单地可以认为干扰源V_c和信号源V_s是叠加在一起的；在输入回路中干扰源V_c与信号源V_s所处的地位完全相同。串模干扰也称横向干扰或差模干扰。

串模干扰源自：

(1) 信号线受空间电磁干扰的感应。

(2) 通过信号变送器的供电电源串入的电网干扰。

(3) 信号源本身产生的干扰。

测量系统的地和信号源的地之间由于地电位的差异所形成的干扰，或出现在输入电路端子和地之间的一种干扰形式被称为共模干扰，也称纵向干扰或共态干扰。这种干扰(地电位差)在实际测量中是普遍存在的，根据干扰环境、输入信号源和输入系统的距离等因素，地电位差一般可达几伏、十几伏甚至 100 V 以上，在雷击时，甚至可达数十万伏以上。

对如图 11-2 所示的单端对地输入系统，共模干扰是全部转换成串模干扰影响输入系统的。而如图 11-3 所示的双端对地系统，共模干扰并不直接影响电路，通过下述的演绎，可以说明它是通过输入电路的不对称转化成串模电压形成干扰的。

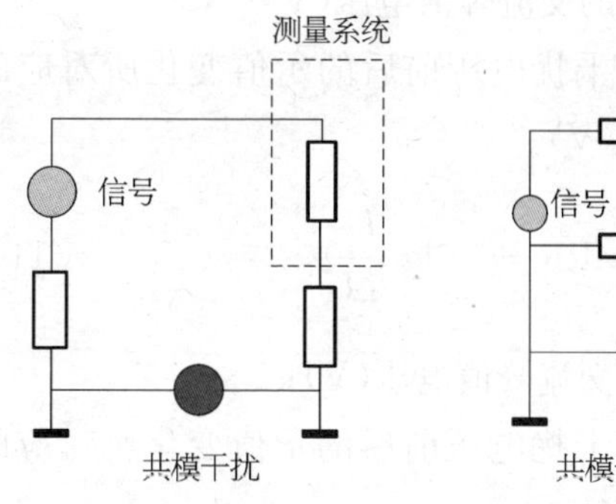

图 11－2 单端对地输入系统

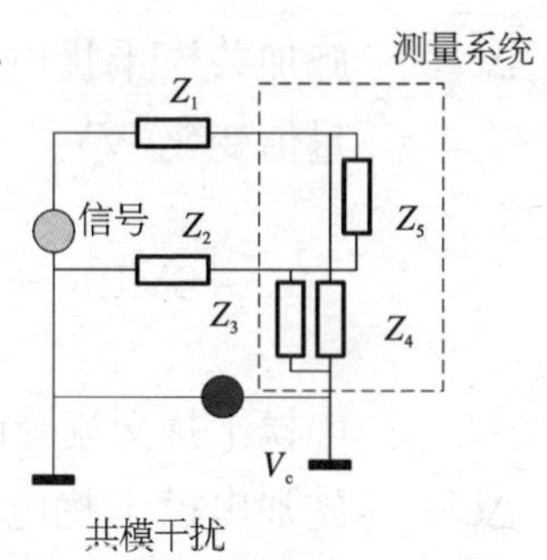

图 11－3 双端对地输入系统

由图 11－3 可知，假设信号为零，输入阻抗 Z_5 为无限大时，如果仅考虑共模干扰，那么作用在测量系统输入端即 Z_5 上的电压为

$$V=\left(\frac{Z_4}{Z_1+Z_4}-\frac{Z_3}{Z_2+Z_3}\right)V_c \tag{11-1}$$

如果电路对称，即 $Z_1=Z_2$，$Z_3=Z_4$，则 $V=0$，即共模干扰对输入不起作用。但一般电路做不到完全对称，所以 $V\neq 0$，所以就对测量系统产生影响。

11.1.1 共模干扰抑制比 CMRR 和串模干扰抑制比 SMRR

衡量一个模拟量输入装置的抗共模干扰和抗串模干扰的能力，可以用共模干扰抑制比 CMRR（单位：dB）和串模干扰抑制比 SMRR（单位：dB）来表示。

其定义为

$$\mathrm{CMRR}=20\lg\frac{U_c}{\Delta U} \tag{11-2}$$

式中　U_c——共模干扰的交流峰值电压(V)；

　　ΔU——施加共模干扰电压前后的示值变化所对应的电量值变化(V)。

$$\mathrm{SMRR} = 20\lg \frac{U_s}{\Delta U} \tag{11-3}$$

式中　U_s——串模干扰交流峰值电压(V)；

　　ΔU——施加串模干扰电压前后的示值变化所对应的电量值变化(V)。

作为测试用的共模干扰电压 U_c 和串模干扰电压 U_s，国家标准和 IEC 标准做了表 11－1 的规定。由表 11－1 可知，对应于某种形式的模拟量输入信号，U_c 值和 U_s 值是一定的。

表 11－1　串模干扰和共模干扰的试验值

名　称	信号量程	共模干扰电压	串模干扰电压
电流 信号输入	4～20 mA 0～10 mA	AC 250 V，50 Hz (353.5 V 峰值)	AC 1 V，50 Hz (1.414 V 峰值)
电压 信号输入	0～5 V		50 mV，50 Hz (0.070 7 V 峰值) 注：IEC 61298 标准为 100 mV，50 Hz (0.141 4 V 峰值)
	0～20 mV		
	0～100 mV		
热电阻 信号输入	Pt_{100}		
	Cu_{50}		

有些如《工业过程测量和控制系统用模拟输入数字式指示仪》(GB/T 13639—2008)(下简称 GB/T 13639)标准对模拟输入数字式指示仪应具备的共模干扰和串模干扰的抑制能力做了如下规定：

(1) 共模干扰抑制比 CMRR $\geqslant$ 120 dB。

(2) 串模干扰抑制比 SMRR $\geqslant$ 40 dB。

不考虑数字式指示仪的电量程 F. S 和精确度等级 a，而泛泛地采用统一的共模干扰抑制比 CMRR ⩾ 120 dB 和串模干扰抑制比 SMRR ⩾ 40 dB 来表示指示仪应具备的抗干扰能力是不恰当的。下面就此问题展开讨论，并将讨论问题的范围扩展到所有的模拟量输入装置。

设模拟量输入装置的精确度等级为 a，在共模干扰 U_c 或串模干扰 U_s 的作用下，信号测量示值会发生偏差，设该偏差所对应的电量值为 ΔU，如满足式(11-4)的要求：

$$(\Delta U/\text{F. S}) \times 100\% \leqslant a\% \tag{11-4}$$

于是认为该模拟量输入装置抑制共模干扰或串模干扰的能力是符合要求的。

现以共模干扰抑制比 CMRR 为例来进行讨论。如果按 GB/T 13639 的规定，模拟量输入装置的共模干扰抑制比 CMRR 应大于等于 120 dB，则根据式(11-2)就可得

$$120 \leqslant 20\lg \frac{U_c}{\Delta U} \tag{11-5}$$

由于共模干扰的试验电压 U_c 是一定的，从而就可按式(11-5)计算出一个 ΔU，这个 ΔU 是模拟量输入装置在施加共模干扰电压前后的示值变化所对应的电量值变化（单位：V），且满足 CMRR ⩾ 120 dB 的理论值。整理后可得

$$\Delta U \leqslant U_c \times 10^{-6} \tag{11-6}$$

现在来讨论这个 ΔU 能否满足式(11-4)规定的要求。遵照表 11-1，当 $U_c = 353.5$ V 时，按式(11-6)计算可得

$$\Delta U \leqslant U_c \times 10^{-6} = 353.5 \times 10^{-6} = 0.354(\text{mV})$$

如果信号电量程 F. S = 5 V，准确度等级 $a = 0.1$，代入式

(11-4)得

$$
\begin{aligned}
(\Delta U/\mathrm{F.S})\times 100\% &= (0.354/5\,000)\times 100\% \\
&= 0.007\% < a\% = 0.1\%
\end{aligned}
$$

即远小于 $a\%$,不但符合式(11-4)的要求,同时也说明作为指标值,CMRR 还可以规定得再小一点。

如果信号电量程 F.S = 100 mV,准确度等级 $a = 0.1$,代入式(11-4)得

$$
\begin{aligned}
(\Delta U/\mathrm{F.S})\times 100\% &= (0.354/100)\times 100\% \\
&= 0.354\% > a\% = 0.1\%
\end{aligned}
$$

即大于 $a\%$,则不符合式(11-4)的要求,从而说明作为指标值,CMRR = 120 dB 不能满足要求。

显然,按式 $\Delta U \leqslant U_c \times 10^{-6}$ 计算出来的 ΔU 能否满足式(11-4)的要求,必须要考虑模拟量输入装置的测量精确度等级 a 以及对应的信号电量程 F.S。同理,对串模干扰抑制比的讨论也一样。

这就说明一台模拟量输入装置,允许的 ΔU 是和它的测量精确度等级以及对应的信号电量程有关。也就是说,不同的精确度等级以及不同电量程的模拟量输入装置,其共模干扰抑制比 CMRR 和串模干扰抑制比 SMRR 的指标值应该是不一样的。

11.1.2　关于 CMRR 指标值和 SMRR 指标值的计算方法

由式(11-4)可得

$$\Delta U \leqslant a\% \times \mathrm{F.S} \tag{11-7}$$

将式(11-7)分别代入式(11-2)和式(11-3),可得

$$\mathrm{CMRR} \geqslant 20\lg \frac{U_c}{a\% \times \mathrm{F.S}} \tag{11-8}$$

$$\mathrm{SMRR} \geqslant 20\lg \frac{U_s}{a\% \times \mathrm{F.S}} \tag{11-9}$$

式(11－8)和式(11－9)的用处是：在已知规范所规定的共模干扰试验电压 U_c 和串模干扰试验电压 U_s 时，根据信号的电量程 F.S 和精确度等级 a，就可以计算出 CMRR 和 SMRR 的指标值，而后合理地圆整，就可作为该模拟量输入装置抗干扰的技术指标。

表 11－2 为部分模拟量输入装置按式(11－8)和式(11－9)计算的 CMRR 和 SMRR 的指标值。在计算 SMRR 指标值时，串模干扰试验电压 U_s 是按 IEC 61298 标准进行的[即 AC 100 mV，50 Hz(0.141 4 V 峰值)]，若按国家标准[即 AC 50 mV，50 Hz(0.070 7 V 峰值)]计算的话，SMRR 指标值要偏小。

表 11－2　CMRR 和 SMRR 的指标值

<table>
<tr><th>序号</th><th>电量程 F.S</th><th>精确度等级 a</th><th>共模干扰试验电压 U_c</th><th>CMRR 指标值</th><th>串模干扰试验电压 U_s</th><th>SMRR 指标值</th></tr>
<tr><td>1</td><td rowspan="2">0～5 V</td><td>0.1</td><td rowspan="7">AC 250 V，50 Hz (353.5 V 峰值)</td><td>≥105</td><td rowspan="2">AC 1 V，50 Hz (1.414 V 峰值)</td><td>≥55</td></tr>
<tr><td>2</td><td>0.2</td><td>≥100</td><td>≥50</td></tr>
<tr><td>3</td><td rowspan="3">0～20 mV</td><td>0.2</td><td>≥140</td><td rowspan="5">AC 100 mV，50 Hz (0.141 4 V 峰值)</td><td>≥75</td></tr>
<tr><td>4</td><td>0.5</td><td>≥135</td><td>≥70</td></tr>
<tr><td>5</td><td>1.0</td><td>≥130</td><td>≥60</td></tr>
<tr><td>6</td><td rowspan="2">0～100 mV</td><td>0.1</td><td>≥135</td><td>≥70</td></tr>
<tr><td>7</td><td>0.2</td><td>≥130</td><td>≥60</td></tr>
</table>

11.1.3　建议

对于包括模拟输入数字式指示仪在内的模拟量输入装置，

其抑制共模干扰和串模干扰的能力，如采用共模干扰抑制比CMRR和串模干扰抑制比SMRR来表示的话，必须要考虑信号的电量程F.S和精确度等级a。不能泛泛地用统一的CMRR$\geqslant$120 dB以及SMRR$\geqslant$40 dB来表示。

如直接采用式(11-4)的形式，即

$$(\Delta U/\mathrm{F.S}) \times 100\% \leqslant a\%$$

作为模拟量输入装置抑制共模干扰和串模干扰的指标，这比起用SMRR和CMRR更简便一些。

根据调查，对于高精度、小量程(指信号电量程)的模拟量输入装置，一般难以达到式(11-4)的要求，此时，可以降低测量精度偏差的要求，即可以将式(11-4)放宽到

$$(\Delta U/\mathrm{F.S}) \times 100\% \leqslant 1.5a\% \tag{11-10}$$

甚至

$$(\Delta U/\mathrm{F.S}) \times 100\% \leqslant 2.0a\% \tag{11-11}$$

11.2 仪表、控制系统的抗扰度

电磁兼容是电子式控制系统的一种重要性能，它包括两个方面：

(1) 在可能的电磁环境中，电子系统仍然具有正常的工作能力。

(2) 不会成为环境中的一个电磁污染源。

一般用“抗扰度”来衡量仪表、控制系统在电磁环境下的抗干扰能力；用“发射”来表明对环境的电磁污染。

由于各种电磁干扰都是一种复杂多变的随机过程，难以重复，为了有效地对其干扰效应和危害进行正确、规范地评估，《电

磁兼容 试验和测量技术 抗扰度试验总论》(GB/T 17626.1—2006)把系统在工程应用中常见的电磁干扰按其性质进行分类，共28项，并对这些干扰的试验模型和试验等级做了相应的规定。不同的试验等级表示不同的抗扰度水平，仪表、控制系统所能达到的抗扰度等级愈高，表明它的抗干扰的能力也愈强。在控制系统的设计过程中，按不同的电磁环境和不同的控制要求选择不同的抗扰度水平。遗憾的是，目前国内大多的设计单位在编制设备选型的技术规格书时，还未将抗扰度和发射列入在内。

相对于28项电磁干扰，一个电子系统应有相应的抗扰度指标主要包括：

(1) 电压暂降、短时中断和电压变化抗扰度。

(2) 电快速瞬变脉冲群抗扰度(简称“群脉冲”)。

(3) 浪涌抗扰度。

(4) 静电抗扰度。

(5) 工频磁场抗扰度。

(6) 脉冲磁场抗扰度。

(7) 射频电磁场辐射抗扰度。

(8) 射频场感应的传导骚扰抗扰度。

(9) 阻尼振荡磁场抗扰度。

(10) 振荡波抗扰度。

(11) 工频频率变化抗扰度。

(12) 直流电源输入端口纹波抗扰度。

(13) 交流电源端口谐波、谐间波及电网信号的低频抗扰度等。

下面就上述主要的电磁干扰抗扰度的试验等级等内容，分别简述之。

11.2.1 电压暂降、短时中断和电压变化抗扰度

所谓"电压暂降"系指供电系统某一点上所有相位的电压突然减少到低于规定的阈限,随后经历一段短暂间隔恢复到正常值。

所谓"短时中断"系指供电系统某一点上所有相位的电压突然下降到规定的中断阈限以下,随后经历一段短暂间隔恢复到正常值。

所谓"电压变化"系指供电电压逐渐变得高于或者低于额定电压。变化的持续时间相对于周期来说,可长可短。

与低压交流电网连接的控制系统,由于供电电网、变电设备发生故障,或由于负荷突然发生大的变动乃至负荷连续变化,直至控制系统的在役电源与热备电源间的切换均能引起电压暂降、短时中断和电压变化。IEC 61000－4－11 规定了交流电源输入端口电压暂降、短时中断和电压变化试验的优先等级和持续时间。表 11－3 为电压暂降试验优先采用的试验等级和持续时间。

表 11－3 交流电源输入端口电压暂降试验优先采用的试验等级和持续时间

类别	电压暂降的试验等级和持续时间				
1类	根据设备要求依次进行				
2类	0% 持续时间 0.5周期	0% 持续时间 1周期	70% 持续时间 25周期		
3类	0% 持续时间 0.5周期	0% 持续时间 1周期	40% 持续时间 10周期	70% 持续时间 25周期	80% 持续时间 250周期
※类	特定	特定	特定	特定	特定

电压暂降和短时中断的变化过程极为短促，是在瞬间发生的。试验电压是用有效值表示的，额定电压作为试验的基础电压 U_T。表中的百分数表示剩余电压，即在电压暂降或者短时中断期间记录的最小电压均方根值，0%表示剩余电压为 0，即电源中断。表中的“0% 持续时间 0.5 周期”表示电源中断 0.5 周期(对频率为 50 Hz 时，相当于 10 ms)，设备仍正常工作。依此类推。

值得注意的是，控制系统在工程应用中，往往都是两路电源热备供电。在两路电源的切换过程中，无论是采用继电器或者是其他的方式，对控制系统必然会有一个短暂的电源中断时间。这个因热备电源的切换所带来的短暂的中断时间应该小于控制系统的允许值(即抗扰度)。据测试，如用继电器进行切换所需的时间约为 5 ms，故对 50 Hz 的工频电源，允许的电源中断时间其最小值应为 10 ms(即相当于 0.5 周期)，一般的控制系统可以做到允许的短暂中断时间为 20 ms。

IEC 61000－4－11 还规定了直流电源输入端口电压暂降、短时中断和电压变化试验的优先等级与持续时间(表 11－4)。

表 11－4　直流电源输入端口电压暂降、短时中断和电压变化试验的优先等级与持续时间

试验项目	试验等级 U_T(%)	持续时间(s)
电压暂降	40 和 70	0.01,0.03,0.1,0.3,1 或※
	或※	
短时中断	0	0.001,0.003,0.01,0.03,0.1,0.3,1 或※
电压变化	85 和 120	0.1,0.3,1,3,10 或※
	或 80 和 120	
	或※	

注：U_T为额定工作电压，表中的百分数表示剩余电压，※为特定值。

11.2.2 电快速瞬变脉冲群抗扰度

电快速瞬变脉冲群(简称"群脉冲")来源于电路切换的瞬态过程,如感性负载的切断,继电器、接触器触点的跳动,高压开关装置的切换等。其频谱范围为1~100 MHz,甚至可高达300 MHz。

IEC 61000-4-4:2004对电快速瞬变脉冲群的试验波形做了规定。其特点(图11-4)是上升时间快(5 ns),持续时间短(50 ns),能量低,但具有较高的重复频率。它们会严重地骚扰控制系统的正常运行,但引起设备损坏的可能性较小。

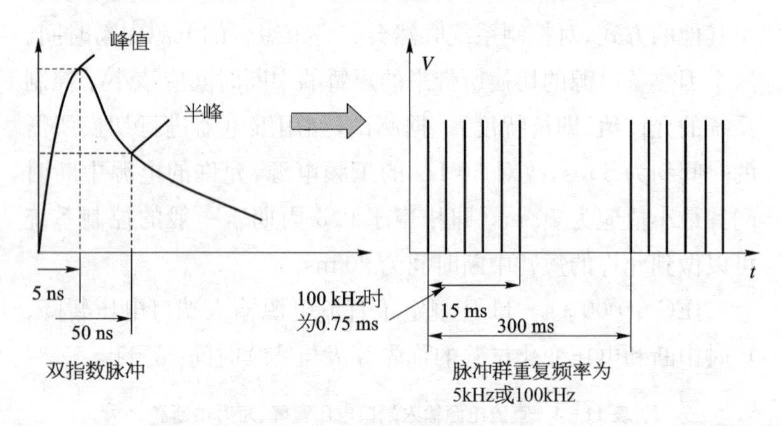

图11-4 电快速瞬变脉冲群波形

根据IEC 61000-4-4:2004,控制系统各端口的电快速瞬变脉冲群抗扰度的试验等级见表11-5。

表11-5 电快速瞬变脉冲群抗扰度的试验等级

试验等级	电源端口、保护地(PE)		I/O信号、数据、控制端口	
	电压峰值(kV)	重复频率(kHz)	电压峰值(kV)	重复频率(kHz)
1	0.5	5或100	0.25	5或100
2	1	5或100	0.5	5或100
3	2	5或100	1	5或100

续　表

试验等级	电源端口、保护地(PE)		I/O信号、数据、控制端口	
	电压峰值(kV)	重复频率(kHz)	电压峰值(kV)	重复频率(kHz)
4	4	5或100	2	5或100
※	特定	特定	特定	特定

试验时，产生电快速瞬变脉冲群发生器的主要特性参数(在接50 Ω负载时)是：

(1) 有正负极性。

(2) 单个脉冲的上升时间为5 ns±30%。

(3) 脉冲持续时间(半峰值)为50 ns±30%。

(4) 与供电电源异步。

(5) 脉冲群持续时间：5 kHz为15(1±20%)ms；100 kHz为0.75(1±20%)ms。

(6) 脉冲群周期为300 ms±20%。

(7) 脉冲的重复频率：一般为5 kHz；然而100 kHz更接近实际情况。

(8) 开路输出电压为0.25(1−10%)～4(1+10%)kV。

这里有必要强调一点，因为群脉冲的试验频率仅为5 kHz或100 kHz，在该频率下试验合格的话，不意味着在运行中遇到高于试验频率的干扰也能承受。

11.2.3　浪涌(冲击)抗扰度

浪涌的主要来源包括电源系统的切换瞬变、各种系统的故障(如接地系统间的短路等，统称为开关浪涌)和雷电瞬变(包括直击雷和感应雷，统称为雷电浪涌)等，其中以雷电浪涌的威胁为最大。浪涌的特点是上升沿的变化速度快，即瞬态功率大。用于控制系统的浪涌试验波形如图11-5所示，其中1.2/50 μs

(1.2 μs 为波前时间,波前时间愈短,表示变化率愈大;50 μs 为半峰时间,半峰时间愈长,表示所含的能量愈大)为电压波形,8/20 μs为电流波形。

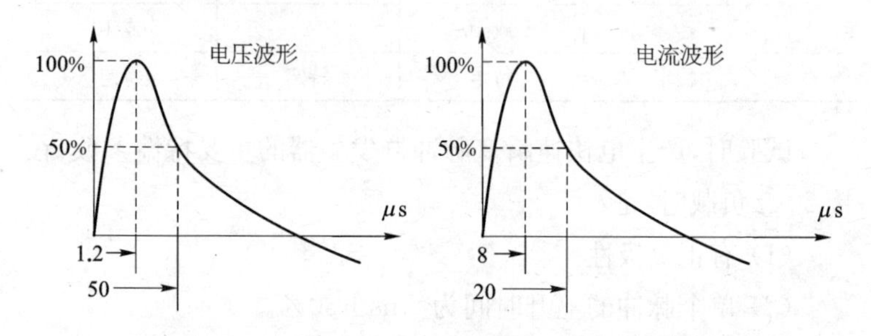

图 11-5　1.2/50 μs 电压波形和 8/20 μs 电流波形

根据 IEC 61000-4-5：2005,控制系统浪涌抗扰度的电压试验等级见表 11-6。

表 11-6　浪涌抗扰度的试验等级　(kV)

试验等级	开路试验电压(±10%)
1	0.5
2	1.0
3	2.0
4	4.0
※	特定

在 IEC 61000-4-5：2005 标准里,没有将雷电浪涌和人为的开关浪涌的试验波形进行区分。调查到日本富士的企业标准,它的雷电浪涌试验波形同于 IEC 标准。而开关浪涌的试验是这样进行的：将被试验设备的电源开 10 s,而后关 10 s,进行连续 100 次切换,如不发生意外情况,就算通过。此种试验方法既简单,也是可取的。

另外,IEC 61000-4-5：2005 只对电压浪涌抗扰度的试验等级做出规定，而没有对电流浪涌抗扰度的试验等级做出规定。

11.2.4　静电抗扰度

静电系由非常低的能量累积以电容模式储存在人体或设备表面，由突发触及使其储能以极大的速度崩溃放电而成，其频宽可由数百兆赫到数个吉赫。静电放电具有高电位、低电量、小电流和作用时间短的特点。相关的内容已在第 9 章做过详细讨论。

11.2.5　工频磁场抗扰度

工频磁场是最常见的干扰源。如导体中的工频电流、变压器和电动机等电力设备的漏磁通等。

工频磁场可以分为以下两种情况：

(1) 正常运行条件下的电流所产生稳定的磁场，其幅值较小，约 1～100 A/m。

(2) 故障情况下的电流，能产生幅值较高但持续时间较短的磁场，直到保护装置动作为止，约 300～1 000 A/m。

工频磁场的试验等级分稳定和短时作用(1～3 s)两种，共 5 个试验等级。其试验等级见表 11－7。

表 11－7　工频磁场的试验等级

试验等级	磁场强度(A/m)	
	1～3 s 的短时	稳定持续磁场
1		1
2		3
3		10
4	300	30
5	1 000	100
※	特定	特定

11.2.6 脉冲磁场抗扰度

脉冲磁场是由雷击建筑物和其他金属构架(包括天线杆、接地体和接地网)以及由在低压、中压和高压电力系统中故障的起始暂态产生的。在高压变电所,脉冲磁场也可由断路器切合高压母线和高压线路产生。对控制系统而言,威胁最大的是雷击时在空间产生的脉冲磁场。相关内容已在第5章详述过。

11.2.7 射频电磁场辐射抗扰度

射频电磁场辐射来源于下列的一些情况:

(1) 系统的操作、维护和检查人员在现场使用移动电话或对讲机。

(2) 包括电台、电视发射台、发射机以及各种工业电磁辐射源(如电焊机、荧光灯、可控硅装置、感性负载的开关操作等)的作用和影响。

射频电磁场辐射可以使话音系统语言清晰度变坏,图像显示系统变得模糊并出现差错,指针式仪表系统指示错误、抖动和乱摆,控制系统失控乃至误控,模拟信号传送波形和相位的失真,以及数字信号传送出错等。

图11-6的左边是未调制的射频信号,峰-峰值 $V_{p\text{-}p}$ = 2.8 V,有效值 V_{rms} = 1.0 V。右边是80%幅度调制的射频信号:80~1 000 MHz,1 kHz正弦波进行调制,调制深度80%,$V_{p\text{-}p}$ = 5.1 V,V_{rms} = 1.12 V。左图是老标准的试验信号,右图是新标准的试验信号,显然右图的严酷度要大于左图。

根据IEC 61000-4-3:2002,控制系统射频电磁场辐射抗扰度的试验等级见表11-8。

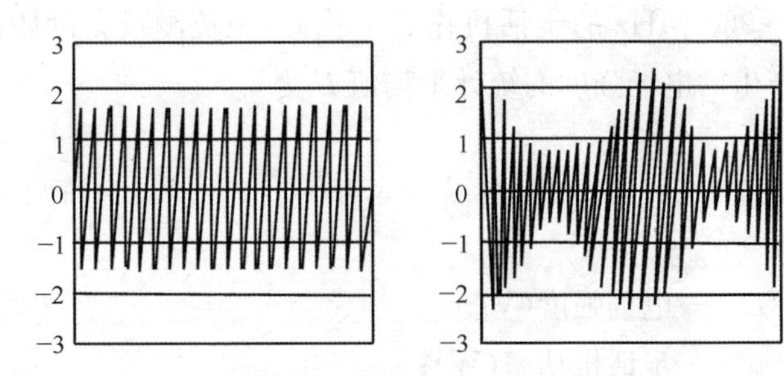

图 11－6 射频电磁场辐射抗扰度试验频率及波形

表 11－8 射频电磁场辐射抗扰度的试验等级

试验等级	1	2	3	4	※
试验场强(V/m)	1	3	10	30	特定

图 11－7 为进行射频电磁场辐射试验的电波暗室。它必须要有足够的空间，六面敷设吸波材料(称全电波暗室，若除地面外，五面敷设吸波材料称半电波暗室)，以阻止电磁波在室内产生反射。在整个平面中场的变化令人满意得小。

图 11－7 电波暗室

由于射频电磁场辐射抗扰度要在电波暗室里进行，非一般制造商能力所及。一种简便的测试方法是利用功率为 p，频率

为 80～960 MHz 的步话机作为干扰源，距被测设备的距离为 d，其产生的电场强度的统计平均值 E 为

$$E=\frac{3.0\sqrt{p}}{d} \tag{11-12}$$

式中 E——电场强度(V/m)；

p——步话机功率(W)；

d——距离(m)。

这样，可以通过改变步话机和被测设备间的距离简单地测出控制系统的射频电磁场辐射抗扰度。

11.2.8 射频场感应的传导骚扰抗扰度

射频场感应的传导骚扰主要来源是射频发射设备的电磁场的作用。虽然被骚扰设备的尺寸比骚扰频率的波长要短，但是控制系统的电源线、通信线、接口电缆等其长度可能是骚扰频率的几个波长，故可能成为接收天线网络，产生传导骚扰。其频率范围很宽。

其试验等级见表 11-9，试验的频率范围为 150 kHz～80 MHz，对小于 150 kHz 没有提出要求。

电压是以有效值表示的未经调制的开路试验电平。

表 11-9 射频场感应的传导骚扰抗扰度试验等级

频率范围 150 kHz～80 MHz		
试验等级	未调制信号的开路试验电压	
	U_0(dB)(基准值为 1 μV)	U_0(V)
1	120	1
2	130	3
3	140	10

11.2.9 评定抗扰度试验结果的通用原则(性能判据)

评定抗扰度试验结果的通用原则是如下的四个性能判据等级：

性能判据 1：试验时，在技术规范极限内性能正常。即性能不能有偏离制造商所规定的技术指标。

性能判据 2：试验时，功能或性能暂时降低或丧失，但能自行恢复。如试验时，某设备的模拟功能数值出现可容许的偏差。试验后，偏差消失。

性能判据 3：试验时，功能或性能暂时降低或丧失，但需要操作者干预或系统复位。如试验时导致过电流保护装置断路，由操作者更换或复位该过电流保护装置。

性能判据 4：由于设备、元器件、软件的损坏，或数据丢失，造成不能恢复的降级或功能丧失。

性能判据 4 通常是不能接受的。对性能判据 2 和 3，应按被控过程的连续与否以及运行的重要性确认是否认可。

11.3 仪表、控制系统的发射

根据前面对电磁兼容性(EMC)的定义可知，设备的电磁兼容性不但包括对干扰的抗扰度，还应该包括不对该环境中的任何事物构成不能承受的电磁骚扰的能力，即所谓的发射要求。

仪表、控制系统(如 DCS、PLC 等)的电磁发射可能会干扰其他的设备。电磁发射又包括电磁辐射发射(RE)和传导发射(CE)两种。根据 IEC 61326 - 1：1997，仪表、控制系统的发射要求应满足该标准规定的 A 类设备的发射限值(表 11 - 10)。这些发射限值代表着基本的电磁兼容要求，并且经过选择能保证在工业场所正常工作的设备所产生的噪声电平不会妨碍其他设备的正常工作。

表 11-10 A类设备的发射限值

端口	频率范围(MHz)	限值	注释
外壳(辐射发射)	30～230	准峰值 40 dB(基准值为 1 μV/m),测量距离 10 m	如测量距离为 3 m,限值应增加 10 dB
	230～1 000	准峰值 47 dB(基准值为 1 μV/m),测量距离 10 m	
交流电源(传导发射)	0.15～0.5	准峰值 79 dB(基准值为 1 μV) 平均值 66 dB(基准值为 1 μV)	
	0.5～5	准峰值 73 dB(基准值为 1 μV) 平均值 60 dB(基准值为 1 μV)	
	5～30	准峰值 73 dB(基准值为 1 μV) 平均值 60 dB(基准值为 1 μV)	

电磁辐射发射往往源自系统设备电路里诸如高频振荡的时钟电路等。抑制电磁辐射的一般措施为:

(1) 改进电路板设计,高速的信号线要尽可能短,避免长线传输。时钟信号的环路面积要尽可能小。时钟电路和时钟线都应远离 I/O 端口和通信端口。此外,加大印刷线之间的距离以减少线间耦合。

(2) 尽可能减小线路中的接地线阻抗。

(3) 采取屏蔽措施。

(4) 在容易产生发射的信号线上适当地加铁氧体磁环可以减弱电磁辐射发射。

11.3.1 电磁辐射发射(RE)

设备的电磁辐射发射测试一般都在电波暗室里进行。其典型的测量框图如图 11-8 所示。

控制系统可以有不同形式的配置,包括卡件的种类、数量和安装等。因而不必对每一种配置都进行试验,这是合理的,也是

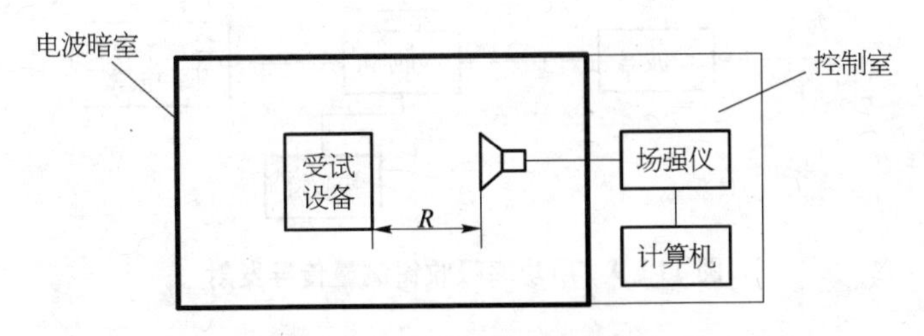

图 11－8　辐射发射测量系统

IEC 61326－1：1997 所推荐的。为了真实地模拟 EMC 条件(与发射和抗扰度都有关的)，设备组合应该代表由制造商规定的一种典型的配置。这些试验应作为型式试验在由除供需双方以外的第三方在规定的条件下进行。

11.3.2　传导发射(CE)

现今，由于开关电源在体积、重量和效率三个方面具有传统线性电源无可比拟的优点，故广泛地被应用。但开关电源系利用 20 kHz 以上的频率(目前可达 250 kHz 以上)，并以开和关的时间之比来控制稳定输出电压的，所以在电源线路内的 du/dt 和 di/dt 变化很激烈，会产生很大的浪涌电压和其他各类脉冲，成为一个强烈的干扰源。

所谓传导发射是指控制系统的开关电源在工作时，从电源线上耦合出来的并返回到交流电源上的干扰信号，测量这些信号是否超过标准所要求的限值(表 11－10)。

测量的方法如图 11－9 所示，它是用功率吸收钳来测量控制系统的传导发射。图中的滤波器是将交流电源中的高频信号滤掉。

减少开关电源的传导发射主要可从如下几个方面着手：

(1) 抑制开关电源自身的干扰强度，包括采用高速开关二极管和非晶体磁环等措施。

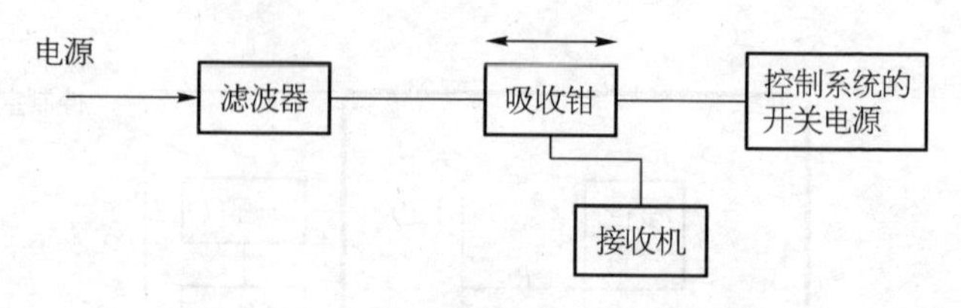

图 11－9　用功率吸收钳测量传导发射

（2）开关电源本身的屏蔽接地。

（3）对开关电源的多负载进行布线时，应使线路尽量平衡，以减少将共模噪声转化成较大的串模噪声。

11.4　电磁兼容设计

根据经验，无论在控制系统的电路和结构的设计之初，或者在自控工程的设计之初，一定要考虑控制系统的电磁兼容，特别是抗干扰能力，否则在工程的后阶段发现问题，或许要花更高的代价和精力，有时还可能无法彻底解决存在的问题。一般说来，设计阶段能采用的干扰抑制技术较后阶段要多；而花在抗干扰上的费用却最少。这些关系示于图 11－10。换言之，预防重于治疗。尽早发现问题尽早解决，其效果最明显，而费用最低廉。

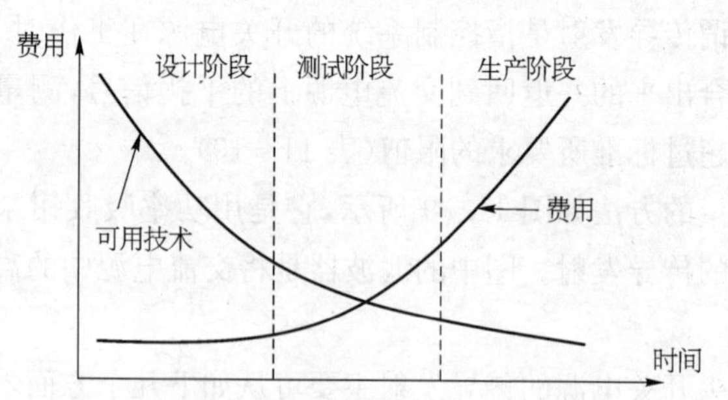

图 11－10　控制系统在不同阶段中干扰抑制技术和所花费用的变化

应该记住：噪声通常是无法完全消除的，它只是被尽量减小到不再形成干扰的程度。除了简单的情况外，减少干扰问题的单一解决方案也是不存在的，通常需要采取综合措施。

参 考 文 献

[1] 徐义亨. 工业控制工程中的抗干扰技术[M]. 上海：上海科学技术出版社,2010.
[2] 诸邦田. 电子电路实用抗干扰技术[M]. 北京：人民邮电出版社,1994.
[3] 区健昌. 电子设备的电磁兼容性设计[M]. 北京：电子工业出版社,2003.
[4] OTT H W. 电子系统中噪声的抑制与衰减技术[M]. 王培清,李迪,译. 2 版. 北京：电子工业出版社,2004.
[5] 何宏,张宝峰,张大建,孟晖. 电磁兼容与电磁干扰[M]. 北京：国防工业出版社,2007.
[6] 中国建筑学会建筑电气分会. 电磁兼容与防雷接地[M]. 北京：中国建筑工业出版社,2010.
[7] 高攸纲. 屏蔽与接地[M]. 北京：北京邮电大学出版社,2004.
[8] 高桥健彦. 接地技术[M]. 北京：科学出版社,2003.
[9] 谭国安. 金融计算机信息系统雷电防护知识[M]. 北京：中国金融出版社,2005.
[10] 肖稳安,张小青. 雷电和防护技术基础[M]. 北京：气象出版社,2006.
[11] 梅卫群,江燕如. 建筑防雷工程和设计[M]. 北京：气象出

版社，2004.
[12] 王时煦，马宏达，陈首燊.建筑物防雷设计[M].2版.北京：中国建筑工业出版社，1985.
[13] 虞昊.现代防雷技术基础[M].北京：清华大学出版社，2005.
[14] HASSE P.低压系统的防雷保护[M].傅正财，叶蜚誉，译.北京：中国电力出版社，2005.
[15] GOLDE R H.雷电[M].周诗健，孙景群，译.北京：电力工业出版社，1982.
[16] 刘尚合，武占成.静电放电及危害防护[M].北京：北京邮电大学出版社，2004.
[17] 拉里昂诺夫B П.高电压技术[M].北京：水利电力出版社，1994.
[18] 王家桢.自动化仪表及装置设计基础[M].北京：中国电力出版社，1995.
[19] 许颖，刘继，马宏达，邱传睿.建(构)筑物雷电防护[M].北京：中国建筑工业出版社，2010.
[20] UMAN M A.防雷技术与科学[M].银燕，杨仲江，郭凤霞，张其林，译.北京：气象出版社，2011.
[21] 周旭.电子设备防干扰原理与技术[M].北京：国防工业出版社，2006.
[22] 陆德民.石油化工自动控制设计手册[M].3版.北京：化学工业出版社，2000.
[23] 徐义亨.DCS的独立接地和共用接地[J].医药工程设计，2007，28(2)：48-51.
[24] 徐义亨，李龙，王秦岭，陆卫军.自控设计中有关防雷的几个问题[J].石油化工自动化，2004，40(5)：1-4.
[25] 徐义亨，刘华美.分散型控制系统(DCS)的浪涌抗扰度

[J]. CHINA 防雷,2004(1): 27 - 29.
[26] 徐义亨,刘华美,陈菁菁. 分散型控制系统的防雷[J]. 石油化工自动化,2003,39(4): 1 - 2.
[27] 徐义亨,刘华美. 某燃气空混站控制系统雷害事故调查[J]. 防雷世界,2003,6(9/10): 16 - 19.
[28] 徐义亨,刘华美. 控制系统雷害的风险评估[J]. CHINA 防雷,2004(6): 11 - 13.
[29] 徐义亨,刘华美,熊菊秀. 从 DCS 遭雷击的案例分析到防患于未然[J]. 电气时代,2005(6): 88 - 92.
[30] 徐义亨,孙文文. 控制室格栅型屏蔽设计计算[J]. 石油化工自动化,2006,42(2): 1 - 4.
[31] 金建祥,邹海明,徐义亨. 关于模拟量输入模板 CMRR 和 SMRR 指标值的讨论[J]. 自动化仪表,2004,25(3): 14 - 18.
[32] 徐义亨. 电子信息系统机房的磁场干扰环境[J]. 石油化工自动化,2010,46(6): 18 - 19.
[33] 徐义亨. 一个实例给控制系统防雷带来的思考[J]. 石油化工自动化,2008,44(3): 28 - 29.
[34] 徐义亨. 浅析控制室的静电防护[J]. 石油化工自动化,2008,44(6): 1 - 6.
[35] 徐义亨. DCS 雷害的风险评估[J]. 石油化工自动化,2005,41(2): 1 - 3.
[36] 徐义亨. 工程中电磁干扰的分类和其抑制途径[J]. 石油化工自动化,2007,43(6): 1 - 4.
[37] 徐义亨. 对国家标准《GB/T 13639—2008》的一点质疑[J]. 石油化工自动化,2010,46(3): 10 - 11.
[38] 建筑物防雷设计规范: GB 50057—2010 [S].
[39] 建筑物电子信息系统防雷技术规范: GB 50343—2012 [S].

[40] 通信局(站)防雷与接地工程设计规范：YD 5098—2005 [S].
[41] 电气装置安装工程接地装置施工及验收规范：GB 50169—2006 [S].
[42] 民用建筑电气设计规范：JGJ 16—2008 [S].
[43] Protection against lightning electromagnetic impulse-part 2：shielding of structures，bonding inside structures and earthing：IEC 61312 - 2：1999 [S].
[44] Protection against lightning-part 1：general principles：IEC 62305 - 1：2006 [S].
[45] Protection against lightning-part 4：electrical and electronic systems within structures：IEC 62305 - 4：2006 [S].
[46] 过程测量和控制装置 通用性能评定方法和程序 第3部分：影响量影响的试验：GB/T 18271.3—2000 [S].
[47] 测量、控制和实验室用的电设备 电磁兼容性要求 第1部分：通用要求：GB/T 18268.1—2010 [S].
[48] 电磁兼容 试验和测量技术 抗扰度试验总论：GB/T 17626.1—2006 [S].
[49] 电磁兼容 试验和测量技术 静电放电抗扰度试验：GB/T 17626.2—2006 [S].
[50] 电磁兼容 试验和测量技术 射频电磁场辐射抗扰度试验：GB/T 17626.3—2006 [S].
[51] 电磁兼容 试验和测量技术 电快速瞬变脉冲群抗扰度试验：GB/T 17626.4—2008 [S].
[52] 电磁兼容 试验和测量技术 浪涌(冲击)抗扰度试验：GB/T 17626.5—2008 [S].
[53] 电磁兼容 试验和测量技术 射频场感应的传导骚扰抗扰

度：GB/T 17626.6—2008 [S].
[54] 电磁兼容 试验和测量技术 工频磁场抗扰度试验：GB/T 17626.8—2006 [S].
[55] 电磁兼容 试验和测量技术 脉冲磁场抗扰度试验：GB/T 17626.9—2011 [S].
[56] 电磁兼容 试验和测量技术 电压暂降、短时中断和电压变化的抗扰度试验：GB/T 17626.11—2008 [S].
[57] Recommended practice for electrical installations on shipboard-control and automation：IEEE 45.2—2011 [S].

跋

——真实的感悟

撰写完本书后，蕴含在书中的相关旧事飘然而至，它像一朵慢慢聚集起来的浮云挡在了我的面前，轻易绕不过去，毕竟书中所涉及的全部内容是笔者退休后、时间长达14年之久所从事工作的提炼。

人过古稀，原本意味着人生从秋日开始步入寒冬，每到深秋梧桐树上的叶片纵然还会呈现一片金黄，那只是掩盖生命的伤痕并展示着对往事的依恋。黄叶终究要凋零，“零落成泥碾作尘”，能否在步入生命的晚年，将一片黄叶融入大地，成为滋养其他生命的养料，呈现出人生的最后价值？于是我决定撰写《控制工程中的电磁兼容》一书，总结在夕阳岁月里积累起来的点点滴滴。

在我退休前的38年的职业生涯里，纵然也担任过诸如主任之类的技术管理工作，但深知自己的兴趣和能力，不是一块走仕途的料，更无意去攀附，故从未离开过具体的技术工作。我历来的正业（即靠它领工资养家糊口的工作）是自动化工程，包括设计、开发、现场施工和开车调试等，期间撰写过不少论文，也出过专著。退休后，当我的老师——浙江大学李海青教授将我引荐给浙江中控时，我就思考一个问题：我能为中控做些什么？

一个偶然的机会，听一位从事售后服务的年轻人说，公司生产的控制系统（DCS）每逢雷雨季节总有数十家用户遭雷击而损坏。我问是什么原因,事后又如何处理?这位年轻人告诉我,还没人去做过深入地调查研究,弄不清楚是否是产品质量的缘故。售后服务部每当接到用户因雷击造成系统损坏而停车的告急电话后,只能迅速派人奔赴现场,用新的卡件把被雷击损坏的替换下来,将系统重新启动就算了事。于是,我就开始思索工业控制系统的雷电防护这一命题,这是我以前知之甚少、未曾涉及的一项技术。在没有充分了解前,按我历来的习惯,先默默地去查阅文献资料。

我首先借阅了由王时煦等编写的《建筑物防雷设计》。王先生是我国电气工程界的前辈元老,新中国成立10周年在首都新建的人民大会堂,其接地系统就是在他的主持下完成的,这是世界上第一个利用法拉第笼的等电位原理设计的共用接地系统。之后,我又查阅由英国 R. H. Golde 主编的《雷电》一书,该书是国际上一本著名的经典著作,参编者多是世界上在此方面颇有名声的科学家。

然而,让我感到不满足的是这些著作的主要内容仅论及建筑物和构筑物的防雷,没有涉及包括控制系统在内的电子信息系统的雷电防护。而真正让我入门了解雷电对控制系统侵害途经的是读了诸邦田的《电子电路实用抗干扰技术》之后,虽然此书讨论的是电子电路的抗干扰技术,但其理念和雷电电磁脉冲对控制系统的电磁耦合是相通的。

我在查阅大量的资料时发现,国内的防雷工程界有其他领域内鲜见的两个现象:

其一是为某一个问题或某一个雷击案例,争论的气氛很浓,争论双方的语言用词也很尖锐,几乎是唇枪舌剑。此时,作为泰斗级人物的王时煦先生在鼓励争鸣的同时也奉劝大家不要因此而伤和气。而作为国内一部具有权威性标准的《建筑物防雷设计规范》的起草人,林维勇先生似乎不大参与争论。我素来认为：社会科学的评论常因时代的变迁而异，而自然科学技术的结论往往是集中的，甚至是唯一的。防雷工程界的争鸣，让我意识到雷电的防护技术还没有走到自由王国的地步。

其二是发现国内许多涉及防雷标准的条文规定大多以国际电工学会(IEC)的标准为依据或直接等同采用(IDT)，少有通过自己的试验研究或调查去制定的。早在17世纪初，科学界就强调实验是任何科学命题唯一而有效的证明，这是近代科学技术的基本柱石。然而在雷电防护这一领域内，要用实验去证明是何其难啊！譬如，由于目前我们还无法在实验室里模拟出带电云层的生成，于是世界上有关带电云层生成机理的假说就有许多种。这诚如爱因斯坦所说：不论多少次实验，都不可能证明一个理论是对的；但只需一个实验，就可证明这个理论是错的。

于是，我常随售后服务人员去那些遭受过雷击的控制装置上进行实地调查研究，以验证我从前人那里获得的以及在文献资料上查看到的知识，对那些疑难杂症不轻易认为已把问题"彻底整明白"了。我采用类比的方法进行观察，在同样地点遭受雷电接闪的情况下，为什么有的设备被损坏，而有的设备却安然无恙。将已掌握的知识和实际发生的雷击事件相互印证，自无贡献可言，可在重新发现之际，依然有创作时的快乐。快乐之余，更重要的是让我知晓：电子式控制系统的雷电防护不可能完全依赖控制系统本体的抗扰度，必须要在工程上采取诸如接地、等电位连接、屏蔽、隔离、滤波等合理的措施。

2004年的初夏，上海某大型石化企业许多装置的控制系统屡遭雷击而损坏，导致多个工艺装置停车，经济损失十分严重。当他们在刊物上看到中控在此方面已有积累，就邀请我们能否去帮助他们解决。

笔者是从计划经济年代过来的人，遥想那个时候，只要有一张单位介绍信就可以方便地去其他单位了解欲想知道的技术

(但去保密单位,还要附带人事材料以证明自己不是另类)。如今是市场经济,这种方便已成为不可理喻的天方夜谭。现在人家主动找上门来,让我们能到他地进行调研,这无疑是一种信任,更是一次难得的机会,因为我们自己还需深入探索。于是一破常规,没有签订商务合同,一行人员完全以"志愿者"的身份奔赴现场,为该厂数个遭雷击的装置进行了案例分析和风险评估,帮助别人解决了疑难,从而也充实提高了自己。多年后,我再次遇到该企业的仪表负责人时,他告诉我,自从按照我们提出的建议方案进行整改后,再也没有发生过控制系统因雷击而损坏的事故。

该企业遭雷击而损坏的控制系统全部是从国外引进的,从而证明:即便世界上一流的产品,如工程上不采取合理的措施,在严酷的雷击情况下,依样无奈。从而否定了"国产设备因性能差而导致雷击损坏"的错误论点。

但要用我们源自实践所得到的经验和观点让一些企业主和工程设计人员理解接受并非易事。笔者曾经遇到一家工厂的老总,当我向他指出贵厂的控制系统在雷电防护方面还存在着许多隐患需要改造时,他似乎不屑一顾,根本不愿听我的分析与解释,并对我说:"我们需要的是全天候的、什么样的雷打下来都不会损坏的控制系统。"面对这位老总,真让一介书生的我有"秀才遇到兵,有理说不清"的感触。

又有一次我受邀去参加由某企业主持并有设计方代表参加的工程设计审查会,会上当我指出在雷电防护设计上存在着一些问题时,当场就遭到设计方代表的反驳,态度甚傲,场面很尴尬。好在我年岁已高,尚能克制自己的情绪,也自知应私下交流,不该在众人面前让设计方为难。3 个月后,在第二次设计审查会上再度与这位设计人员相逢时,他坦诚告诉我,已按我的意见对原设计进行了修改。

2005 年中国自动化学会分别在北京和上海举办过两次有关控制系统雷电防护的学术交流会，我代表中控在会上做了《从 DCS 遭雷击的案例分析到防患于未然》的报告，参加交流会的人数很多，不少还是我刚步入工程界、指导过我的前辈元老，情况空前。这表明，随着控制系统集成化程度与对雷击敏感度水平在同步提高，因此雷击电磁脉冲对控制系统的危害日趋严重，成了雷电防护技术中一个急需解决的课题，从而引起了广大工程技术人员的关注。

按照“IEC 61000－4－1：2000”分类，雷电电磁脉冲仅是电磁干扰中的一种，还有其他脉冲总共 28 项之多。于是，我又在静电、群脉冲、射频电磁干扰等诸多方面做深入的调查和研究。

知识就是力量，这句源于培根的名言是科技工作者 300 年来的口头禅。如今流行“时间就是金钱，效率就是生命”，人们强调经济效益。就《控制工程中的电磁兼容》一书所涉及的内容，它只是一门工程技术，难以像实体产品那样可以快速地为企业创造出很大的经济效益。故许多企业不愿在此方面投入过多，相关的知识知之甚少，重视的程度当然也就十分淡薄了；再则，包括雷击在内的电磁干扰现象毕竟是低概率事件，抱有侥幸心理的人不在少数。直至遭到重大的雷击或电磁干扰事故后，方才想到问题的严重性，体会到电磁兼容技术所蕴含的力量。

2014 年 7 月，某核电站的安全保护系统因受电磁干扰而发生了核反应堆停堆的重大事故。我们受邀为其进行了理论分析，趁反应堆大修在现场进行了模拟试验来证明停堆的原因，并提出了整改建议。同时，我们还对整个反应堆的安全保护系统进行了电磁环境的评估，包括静电防护、空间电磁场强度的分布、交流低压系统的零地电压、接地系统与电缆系统的电磁兼容等，提高了安全保护系统的运行可靠性，得到了用户的认可。两年后他们又派了六人专程来杭州进行交流并邀请我授课。

1881年英国科学家希维赛德(Heaviside)发表了“论干扰”的论文,这是首开电磁干扰问题研究之先河。20世纪30年代,在巴黎成立了国际无线电干扰特别委员会(CISPR),开始对电磁干扰问题进行国际性、有组织的研究。1989年欧共体颁布了“关于协调成员国有关电磁兼容法律的理事会指令”,将电磁兼容作为共同的防护目标。这一指令于1992年被德国转成法律“设备电磁兼容法”,1995年德国又对此进行了修订,并规定:若违反电磁兼容法将被视作犯罪。

然而,科学技术在给人类带来福祉的同时,也会成为战争的一种武器。1958年美国军方在一次氢弹试验中意外发现了核电磁脉冲的奇特效应,核电磁脉冲在扩散的过程中,会瞬间发出极强的能量,并以光速扩散,使其影响范围内任何未加保护的电子设备,通过电磁脉冲能量的耦合,造成电气设备和电子系统的失灵,甚至烧毁。之后,世界上就相继出现了诸如电磁炸弹(又称“强力微波武器”)、非核电磁脉冲弹、电磁脉冲弹(又称“高能微波弹”)等特殊的战争武器,以摧毁指挥、控制和通信用的电子设备以及计算机系统。由于电磁武器没有明显地附带毁伤和人员伤亡,使得采用电磁武器的国家不会面临来自国内外的政治压力。为此,全面掌握和提高应对各种强电磁干扰的技术和能力,以防止控制系统面临着诸如电磁炸弹之类武器的袭击,是历史赋予的使命。

本书只是记下笔者以及同仁们在为探索控制工程中的电磁兼容所留下的或深或浅、或正或斜的脚印,反复地打量与思考这10多年来的工作经历和真实感悟,领略客观世界所寄予的深意。

徐义亨